宁波茶通典

茶路典

宁波茶文化促进会 组编

李书魁 著

中国农业出版社
北京

U0176076

丛书编委会

宁波茶通典

主编

姚国坤 研究员，1937年10月生，浙江余姚人，曾任中国农业科学院茶叶研究所科技开发处处长、浙江树人大学应用茶文化专业负责人、浙江农林大学茶文化学院副院长。现为中国国际茶文化研究会学术委员会副主任、中国茶叶博物馆专家委员会委员、世界茶文化学术研究会（日本注册）副会长、国际名茶协会（美国注册）专家委员会委员。曾分赴亚非多个国家构建茶文化生产体系，多次赴美国、日本、韩国、马来西亚、新加坡等国家和香港、澳门等地区进行茶及茶文化专题讲座。公开发表学术论文265篇；出版茶及茶文化著作110余部；获得国家和省部级科技进步奖4项，家乡余姚市人大常委会授予"爱乡楷模"称号，是享受国务院政府特殊津贴专家，也是茶界特别贡献奖、终身成就奖获得者。

总序

踔厉经年，由宁波茶文化促进会编纂的《宁波茶通典》（以下简称《通典》）即将付梓，这是宁波市茶文化、茶产业、茶科技发展史上的一件大事，谨借典籍一角，是以为贺。

聚山海之灵气，纳江河之精华，宁波物宝天华，地产丰富。先贤早就留下"四明八百里，物色甲东南"的著名诗句。而茶叶则是四明大地物产中的奇葩。

"参天之木，必有其根。怀山之水，必有其源。"据史料记载，早在公元473年，宁波茶叶就借助海运优势走出国门，香飘四海。宁波茶叶之所以能名扬国内外，其根源离不开丰富的茶文化滋养。多年以来，宁波茶文化体系建设尚在不断提升之中，只一些零星散章见之于资料报端，难以形成气候。而《通典》则为宁波的茶产业补齐了板块。

《通典》是宁波市有史以来第一部以茶文化、茶产业、茶科技为内涵的茶事典籍，是一部全面叙述宁波茶历史的扛鼎之作，也是一次宁波茶产业寻根溯源、指向未来的精神之旅，它让广大读者更多地了解宁波茶产业的地位与价值；同时，也为弘扬宁波茶文化、促进茶产业、提升茶经济和对接"一带一路"提供了重要平台，对宁波茶业的创新与发展具有深远的理论价值和现实指导意义。这部著作深耕的是宁波茶事，叙述的却是中国乃至世界茶文化不可或缺的故事，更是中国与世界文化交流的纽带，事关中华优秀传统文化的传承与发展。

宁波具有得天独厚的自然条件和地理位置，举足轻重的历史文化和人文景观，确立了宁波在中国茶文化史上独特的地位和作用，尤其是在"海上丝绸之路"发展进程中，不但在古代有重大突破、重大发现、重大进展；而且在现当代中国茶文化史上，宁波更是一块不可多得的历史文化宝地，有着举足轻重的历史地位。在这部《通典》中，作者从历史的视角，用翔实而丰富的资料，上下千百年，纵横万千里，对宁波茶产业和茶文化进行了全面剖析，包括纵向断代剖析，对茶的产生原因、发展途径进行了回顾与总结；再从横向视野，指出宁波茶在历史上所处的地位和作用。这部著作通说有新解，叙事有分析，未来有指向；且文笔流畅，叙事条分缕析，论证严谨有据，内容超越时空，集茶及茶文化之大观，可谓是一本融知识性、思辨性和功能性相结合的呕心之作。

这部《通典》，诠释了上下数千年的宁波茶产业发展密码，引领你品味宁波茶文化的经典历程，倾听高山流水的茶韵，感悟天地之合的茶魂，是一部连接历史与现代，继往再开来的大作。翻阅这部著作，仿佛让我们感知到"好雨知时节，当春乃发生，随风潜入夜，润物细无声"的情景与境界。

宁波茶文化促进会成立于2003年8月，自成立以来，以繁荣茶文化、发展茶产业、促进茶经济为己任，做了许多开创性工作。2004年，由中国国际茶文化研究会、中国茶叶学会、中国茶叶流通协会、浙江省农业厅、宁波市人民政府共同举办，宁波茶文化促进会等单位组织承办的"首届中国（宁波）国际茶文化节"在宁波举行。至2020年，由宁波茶文化促进会担纲组织承办的"中国（宁波）国际茶文化节"已成功举办了九届，内容丰富多彩，有全国茶叶博览、茶学论坛、名优茶评比、宁波茶艺大赛、茶文化"五进"（进社区、进学校、进机关、进企业、进家庭）、禅茶文化展示等。如今，中国（宁波）国际茶文化节已列入宁波市人民政府的"三大节"之一，在全国茶及茶文化界产生了较大影响。2007年举办了第四届中国（宁波）国际茶文化节，在众多中外茶文化人士的助推下，成立了"东亚茶文化研究中心"。它以东亚各国茶人为主体，着力打造东亚茶文化学术研究和文化交流的平台，使宁波茶及茶文化在海内外的影响力和美誉度上了一个新的台阶。

宁波茶文化促进会既仰望天空又深耕大地，不但在促进和提升茶产业、茶文化、茶经济等方面做了许多有益工作，并取得了丰硕成果；积累了大量资料，并开展了很多学术研究。由宁波茶文化促进会公开出版的刊物《海上茶路》（原为《茶韵》）杂志，至今已连续出版60期；与此同时，还先后组织编写出版《宁波：海上茶路启航地》《科学饮茶益身心》《"茶庄园""茶旅游"暨宁波茶史茶事研讨会文集》《中华茶文化少儿读本》《新时代宁波茶文化传承与创新》《茶经印谱》《中国名茶印谱》《宁波八大名茶》等专著30余部，为进一步探究宁波茶及茶文化发展之路做了大量的铺垫工作。

宁波茶文化促进会成立至今已20年，经历了"昨夜西风凋碧树，独上高楼，望尽天涯路"的迷惘探索，经过了"衣带渐宽终不悔，为伊消得人憔悴"的拼搏奋斗，如今到了"蓦然回首，那人却在灯火阑珊处"的收获季节。编著出版《通典》既是对拼搏奋进的礼赞，也是对历史的负责，更是对未来的昭示。

遵宁波茶文化促进会托嘱，以上是为序。

宁波市人民政府副市长 杨勇

2022年11月21日于宁波

目录

总序

第一章 绪论

第二章 "海上茶路"宁波启航

第五章 东方茶港的贸易之路

第一章 ◎ 绪论

茶存在于地球上已有漫长历史，作为上天赐予人类的礼物，茶叶神奇的功效和无穷魅力备受世人喜爱。在历史的长河中，物竞天择，茶成为世界上仅次于水的天然饮料，不仅能生津解渴，而且因口感甚佳，且富含茶多酚、咖啡碱、氨基酸等保健功能成分，广受世界各国人民喜爱，成为世界三大天然植物饮料之首。

众多历史记载及现代科学研究都表明，茶树的原产地在我国西南地区，包括云南、贵州、四川等地及其边缘地区。由于地质变迁及人为栽培，茶树种植范围逐渐扩大，开始由西南地区普及全国，并逐渐传播至世界各地。世界各国凡是提及茶事者，无不与中国联系在一起，世界各国有关茶的知识以及栽培、加工、利用等都直接或者间接地由我国传入。华夏的先民们将茶叶从古代丝绸之路、茶船古道、海上丝绸之路逐渐传到欧洲、日本、印度以及东南亚各国。伴随着陆上、海上丝绸之路，茶马古道和万里茶道等古代商道的拓展，中国茶在海外广泛流布与传播。茶带着清香，从中国出发，走向了世界。

我国也是茶文化的起源地和传播中心。五千年饮茶史，历经数代传承流变，茶叶这种生活必需品也已突破文化的物质形态，而深入到文化的制度和精神层面，形成了源远流长、博大精深的茶文化，成为中华文化的一个重要组成部分。茶文化与文学艺术、宗教哲学、民俗礼仪、医药养生等多方面都具有密切的关联，成为中华文明长河中一条清澈明净、韵味绵长的支流，蔓延开来、发扬光大。茶，乃是中华民族的骄傲！

茶文化对外传播与茶叶贸易成为早期中外文化交流的一种重要手段，而陆地是早期茶文化对外传播与茶叶出口贸易的主要路径。

西汉汉武帝时期，武帝派张骞出使西域，开创了古代"丝绸之路"，茶叶、丝绸和瓷器沿着这条古代东西方经济文化交流的大动脉被输往中亚、西亚乃至欧洲。陆羽《茶经》的问世加速了茶饮在中原王朝的推广与普及，唐朝盛行的饮茶之风蔓延至回鹘、中亚、蒙古等地。汉族与游牧民族间以茶易马或以马换茶为中心内容的贸易往来形成"茶马互市"，从而演变为延续达一千多年川藏、滇藏和青藏间互利互惠的三条商贸通道，连接川滇藏，延伸入不丹、尼泊尔、印度境内，直到西亚和西非红海海岸。茶马古道带动了藏区社会经济的发展，并将茶叶带到了南亚及东南亚各国，所到之处将中国的饮茶之风传播出去，并逐渐演变成了沿路各少数民族的生活必需品。此外，形成于18世纪中叶的多条自中国南方茶叶产地至俄内陆腹地的中俄茶叶商道是继"丝绸之路"和"茶马古道"之后重要的中国茶叶国际贸易之路，是我国中原文明与欧洲文明重要的交通线和融汇点，为推动中俄经济贸易关系以及对我国内地的种茶业、茶叶加工业和运输业的发展做出了积极的贡献，有力地促进了我国中原地区和俄国西伯利亚地区社会经济的发展，加深了中华文明与俄罗斯以及欧洲文明的交流。

在水路，多位日本、韩国高僧来宋求学，归国时将茶籽带回种植，茶叶逐渐传入日本、朝鲜半岛以及东南亚地区。同时期，以唐代广州通海夷道为传播路线的"海上丝绸之路"和"茶船古道"加速了茶叶由南方海路向印度尼西亚、印度、斯里兰卡等国家的传播。至16世纪，茶叶又远渡重洋，经荷兰人传至欧洲各国并进而传到美洲大陆。

从古代丝绸之路、茶马古道、茶船古道，到丝绸之路经济带、21世纪海上丝绸之路，几千年来，茶这片神奇的"东方树叶"穿越历史、跨越国界，将其背后所承载的中华文化沿途撒播到世界各地，成为东方文明与世界其他文明交汇的温馨媒介，将饮茶风尚普及全球，成为人类文明共同的精神财富。

一、源远流长的饮茶习俗

我国古代人民从发现茶到利用茶经历了漫长的时间。关于国人饮茶的起源时间目前未有定论，在民间广泛流传着"神农尝百草，日遇七十二毒，得荼而解之"的传说。虽然作为上古时代传说人物的神农氏是否利用茶叶，仍缺乏确凿的考古证据，但这些传说表明，我国远古先民早已认识到茶的药用价值，进而其饮用、食用价值陆续被开发，茶叶遂从一种野生植物被培植为一种重要的经济作物，从而与人类结下了不解之缘。

文献资料表明，中国的茶业最初兴起于巴蜀地区，巴蜀也因此被称为中国茶业和饮茶习俗的摇篮。清代学者顾炎武的《日知录》中说"自秦人取蜀而后，始有茗饮之事"，指出饮茶的发展和普及是在秦朝统一巴蜀以后慢慢流传开来的，与巴蜀地区早期的政治、风俗及茶叶饮用有着密切的关系。

在周初至春秋中叶出现的诗歌总集《诗经》中最早出现的"荼"字，被认为是"茶"的古体字。明确表示有茶名意义的文字记载，出现在成书于战国或两汉年间的词书《尔雅》，将"茶"称为"槚"，解释为"苦荼"。公元前130年左右，西汉司马相如在《凡将篇》中将"茶"称为"荈诧"，是将茶列为药用的最早文献。

公元前59年，西汉王褒《僮约》中有"烹荼尽具""武阳买茶"的记载，表明茶叶在当时已经是较为普遍的商品。西汉后期到三国时代，茶发展成为

马王堆汉墓出土的"楂笥"木牌

王公贵族们的饮品。到隋朝，茶逐渐进入普通百姓人家，关于饮茶的记载也日益增多。

唐宋是我国茶业发展史上具有里程碑意义的时期。明人王象晋云："茶兴于唐，盛于宋，始为后世所重矣。"唐朝时，饮茶开始普及于长江南北，当时全国已有八大茶区，种植有大规模的茶园，茶业空前蓬勃地发展起来，茶叶的生产和贸易成为一种大宗生产和大宗贸易，茶叶成为举国之饮。特别是中唐时，陆羽撰写的世界上第一部茶学专著《茶经》的问世，进一步加速了茶叶的推广与饮茶文化的传播，极大的开拓和提高了茶叶文化的精神意义，使茶文化发展到一个空前的高度。

宋朝时，茶树已经分布到淮河流域和秦岭以南的各省。《宋史·食货志》记载，北宋有三十五个州产茶，南宋有六十六个州产茶。清朝时，从皇侯将相到普通百姓，从文人雅士到市侩走卒，茶已经成为国饮，茶叶出口已成一种正规行业，茶书、茶事、茶诗也不计其数，茶曾经甚至成为中国文化的一个符号。

中国茶带来的健康和独具魅力的品饮方式，随着国家之间外交贸易的友好往来，传播到世界各地，给世界其他国家的人们带来福祉。这神奇的东方饮品，在世界各地生根发芽传播开来，与世界各地的民俗民风融合，形成了多姿多彩的世界茶文化和饮茶习俗。

二、甬上茶事，独具特色

宁波踞我国东南沿海要津，是拥有 7 000 年文明史河姆渡文化的发祥地。宁波港自古以来是浙江对外交流和通商的重要口岸和我国著名的海港。7 000 年河姆渡文化为宁波走向海洋奠定了坚实的基础，贯穿南北的大运河，使宁波通往广阔的内陆腹地。

宁波也是我国最早的茶产地之一。在悠久的演化过程中，拥有浑厚人文底蕴的明州港，孕育了独具特色的宁波茶文化，其个性独特的演化历程与人文优势，在我国茶叶发展史上影响深远。

（一）历史悠久的名茶产区

宁波自古以来就是茶叶产区，且名茶辈出。境内横亘四明山脉、天台山余脉，崇山峻岭，溪流环绕，云遮雾障，多丘陵山地，最高峰近千米左右，平均海拔四五百米，植被良好，山地肥沃。四季分明，气候宜人，具有较好的种茶环境，各地多有野生茶资源。

1973年，考古专家在距今7 000年前的宁波余姚河姆渡遗址发掘现场，发现了一些堆积在干栏式房屋附近的樟科植物叶片和中空的木筒。研究人员认为，那时饮料与食物同源，先民们用橡子、菱角、芡实等淀粉食物及樟科植物叶片一起煮成羹状用以充饥、解渴。

河姆渡遗址

2004年，考古学家在距河姆渡遗址约7公里的余姚市三七市镇，发现了距今6 000多年前的田螺山人类文化遗址。遗址总面积近3万平方米，地下3米深处保存着一个六七千年前的完整古村落。出土了多层次的干栏式建筑遗址，其规模和建筑技术比河姆渡遗址的同期建筑更加进步。遗址中还出土了比河姆渡遗址更多的遗物，其中还有形体硕大的夹炭陶双耳深腹罐、盘口釜、陶器和保存完好的3支木桨等。

在这片遗址中还发现了两大片原生于土层中类山茶属植物的树根

和人工开挖的浅土坑，并伴随一些碎陶片。发现树根的地块约10平方米，考古编号H4，10多块植物树根分成两大片直立着，树根出土前埋藏在离地下水位很近、近乎密封的土壤里，被发现时呈新鲜的黄褐色。后经数位专家综合分析和多家专业检测机构鉴定，认为其中的6个根须样品均为山茶属植物。

田螺山遗址

田螺山遗址出土的树叶

田螺山遗址出土的山茶属植物根

田螺山遗址出土类似茶壶的陶器

两汉、六朝期间，宁波就有茶叶的文字记载。《神异记》载晋代余姚人虞洪到瀑布岭一带（今宁波余姚市梁弄镇道士山）采茗，遇到一名叫丹丘子的道士赠予茶叶，这说明当地人很早就懂得入山采摘野茶了。唐宋时期，明州（宁波）已经是全国的名茶主产区，如陆羽《茶经》里记载"（茶）浙东以越州上，明州，婺州次"，这说明现今宁波的慈溪、余姚、鄞州等地，唐时就产好茶。

八百里四明，茶源不断。宁波境内的四明山脉、天台山余脉，崇山峻岭，溪流环绕，云遮雾障，自古以来就是茶叶产区且名茶辈出，历史上四明山出产多种贡茶。唐代茶圣陆羽在《茶经》中先后两次转引《神异记》故事："余姚人虞洪，入山采茗，遇一道士，牵三青牛，引洪至瀑布山，曰：'予，丹丘子也。闻子善具饮，常思见惠。山中有大茗，可以相给，祈子他日有瓯牺之余，乞相遗也。'因立奠祀。后常令家人入山，获大茗焉。"《茶经·四之器》称赞越窑青瓷茶具类玉类冰。《茶经·八之出》载："浙东以越州上（余姚县生瀑布泉岭，曰仙茗，大者殊异，小者与襄州同），明州、婺州次，台州下。"

陆羽《茶经》里记载余姚县生瀑布泉岭，曰"仙茗"

将余姚瀑布泉岭所产的茶称为"仙茗"，这也是《茶经》中唯一留下茶名的历史名茶。宁海茶山所产的茶叶更是得到北宋茶学家蔡襄的厚爱和好评，因"古台州四大名茶唯茶山以望海一品独名"而名垂青史。

四明山脉和天台山余脉较好的气候环境，适宜野生茶生长。2008年春，当地在瀑布泉岭发现了大批长势优良的灌木型古茶树，最粗的树围10厘米多，高3米以上，经专家们现场考察，这些古茶树的树龄为500～800年。专家们认为，余姚瀑布泉岭的古茶树群是重要的自然遗产和文化遗产，具有重大的科学价值、文化价值和经济价值，宁波、余姚两级政府对此高度重视，共同出资设立了古茶树保护区，并在2009年5月20日建立"瀑布仙茗古茶树碑"。宁波辖区内这些丰富、优质的茶树资源，是中国茶输出海外的良好基础。

宁波名茶异彩纷呈。在余姚，就有建峒岙茶、童家岙茶、南王茶及瀑布仙茗，后来又派生出安山瀑布茶。奉化的四明群峰中还有雪窦寺中峰、白岩山、药师岙均产好茶；在鄞州有撩舍茶、天井山茶等；

象山县的珠山茶和盖仓山茶；如今出产东海龙舌的福泉山一带历来也产佳茗。

宁波还有300余年的贡茶历史，在宋末元初时，宁波就已设立制茶局监制贡茶，产地车厩岙原属慈溪县（今余姚市）。《浙江通志》《宁波府志》《慈溪县志》均有记载，以车厩岙南宋丞相史嵩之墓园为中心的开寿寺、三女山、冈山一带盛产贡茶，尤以资国寺傍冈山所产称绝品，从元初到明万历二十三年（1595年），历时300余年。

宁波不仅名茶、贡茶种类繁多，还孕育了先进的技术，具有代表性的茶相关著作有屠隆的《茶说》、罗廪的《茶解》、闻龙的《茶笺》和屠本畯的《茗笈》，这些古代茶书中对茶叶种植、加工与品质的审评及储藏等都作了详细的描述，有力地推动了饮茶之风的形成。

19世纪后叶，余姚四明山是出口的平水珠茶主产区，在西班牙马德里举行的世界优质食品博览会上，余姚天坛牌珠茶获世界金质奖。2008年，在宁波余姚举行的中国绿茶探源暨余姚瀑布仙茗研讨会上，宣读并通过了"中国绿茶探源——余姚共识"，认为余姚是中国最早的产茶地之一、中国名茶故里。2010年1月，中国国际茶文化研究会授予余姚四明山为我国第一个"中国茶文化之乡"。2010年，又授予"瀑布仙茗"为我国第一个"中华文化名茶"。

如今，宁波北起杭州湾，南到三门湾，西自四明山麓，东到象山港畔，从余姚到奉化，从江北到东钱湖都有茶树种植。茶类资源丰富，全市形成了以余姚、慈溪为重点的针形茶产区，以宁海为重点的条形茶产区，以奉化、江北为重点的卷曲形茶产区，以及以北仑、鄞州、海曙、象山、镇海为重点的扁形茶产区，望海茶、瀑布仙茗、奉化曲毫、东海龙舌等名茶荟萃，齐头并进。据《宁波统计年鉴2020》的统计，截至2019年底，宁波市茶园总面积11 204公顷，比上年新增茶园面积50公顷，其中采摘面积9 049公顷。2019年，全市茶叶总产量12 487吨、春茶7 602吨、夏茶3 146吨、秋茶1 739吨，成为浙江这个全国产茶大省的茶叶主产区。2020年，宁波茶叶总产量达15 174万吨，总产值 89 488 万元，其中名优茶产量 2 194 吨，产值 67 311 万元，茶叶成为全市农业增效、农户增收的重要经济作物。

（二）繁荣兴盛的禅茶文化

宁波一带古刹名寺众多，自古就有"东南佛国"之称，唐代之前即有很多著名寺院。在佛教"五山十刹"中，宁波阿育王寺、鄞州天童寺被列为禅院五山；奉化雪窦寺被列为禅院十刹。周边列为"五山十刹"的则有余杭径山寺、杭州南屏山净慈寺、杭州灵隐寺、杭州中天竺永祚寺、天台国清寺等。此外，还有舟山普陀山观音道场、天台万年寺等，不仅享誉国内，而且名扬海外，成为日本、朝鲜半岛僧人向往的学佛之地，吸引着一批批僧人前来朝圣学佛。

唐中叶之后，明州禅宗的兴起与发展，则为茶文化与禅文化的融合创造了一个更具精神层面和审美价值的平台。作为东亚茶文化传播的中心，宁波是中日海上交通的重要港口，也是茶叶产地以及茶叶贸易集散地，更是日僧来华参访求学的"圣地"。唐宋以来，大量日韩高僧从明州登岸，入驻宁波的各大寺院学习和修持。茶是僧人修行的必需品，这些海外僧人回国时，大多会带回唐宋的茶叶和茶具，而且把品茶的习俗，茶与诗词、绘画、音乐，尤其是茶与具有中国民族特色的佛教禅宗教义结合的禅茶文化带回故土，并在不断的本土化过程中发扬光大、改进创新，形成独特的茶道文化。

（三）茶助瓷辉，携手远航

宁波的余姚、慈溪、鄞州是历史上越窑青瓷的主要产地。据考证，位于原余姚今慈溪鸣鹤镇西栲栳山麓上林湖一带的越窑遗址，为越窑青瓷主要产区之一。上林湖一带蕴藏着丰富的原生高岭土和瓷石矿藏，是烧制青瓷的理想原料。因古代地属越州，故名越窑。越窑烧制始于东汉，盛于唐、五代，延至宋。陆羽《茶经》中认为泡茶用的瓷器"越州上"，因为它"类玉""类冰"瓷青则茶色绿。如今，贝壳一般大量堆积在上林湖中的瓷片，是当年越窑青瓷繁荣兴盛的象征，后司岙窑址被确认是上林湖越窑遗址中最核心的窑址，也是晚唐五代时期秘色瓷的主要烧造地，代表了当时中国青瓷烧造技艺的最高成就，而越窑青瓷发展到巅峰期的极品瓷器——秘色瓷更被认为是瓷器发展史上的千古绝唱。

1987年，陕西法门寺唐塔地宫出土了13件首次发现的奇特瓷器，其形状规整，造型精美，晶莹凝润。釉色有湖绿、青绿、青灰、青黄和淡黄，其中2件为银棱金银平脱鸟纹瓷碗，另有碗5件、盘4件、碟2件。据同时出土的地宫《物帐碑》记载："真身到内后，相次赐到物一百二十二件。……瓷秘色碗七口，内二口银棱。瓷秘色盘子、叠（碟）子共六枚……"清楚地说明了这批瓷器的来源、件数以及唐人对其称谓，经专家考证，这些瓷器属于千百年来世人苦苦寻觅的浙东上林湖越窑秘色瓷，是人们迄今所见唯一能与实物相互印证的有关"秘色瓷"的记载。

历史上以秘色瓷为代表的越窑青瓷入贡中原，到达塞北，漂洋过海，给国内外人们的生活、文化带来巨大影响。考古发现，宁波在晚唐五代是秘色瓷业龙头，越窑青瓷从明州港远销海外，北达高丽，东至日本，南经广州销往菲律宾、马来西亚、印度尼西亚、越南，直抵波斯湾和地中海沿线各国，成为"海上丝绸之路"的主要商品，以茶和茶具为载体，在中华文明向海外传播的过程中，发挥了独特的作用。

茶路漫漫，茶韵悠悠，茶香袅袅。古明州开辟的海上茶叶之路将中国茶乃至茶禅文化以海洋作为传播载体，为日本、朝鲜半岛乃至东亚文明竖起了一块历史的丰碑。历时1 200余年，宁波港输出茶叶年代之早、历史之久、影响之大，成为"海上茶路"和"一带一路"的重要节点。2011年，宁波市提出了"甬为茶港"的新概念，与"海上茶路"相辅相成，成为宁波海上丝绸之路重要节点的补充与深化。

"海上茶路·甬为茶港"，使茶文化的丰富外延与殷实内涵圆满融合。现代宁波，茶产业蓬勃发展，茶文化氛围正浓，已成为我国重要的茶叶出口港和茶文化中心。宁波这座中国东南沿海上璀璨的明珠，以其国际性的独特城市文化元素和独具特色的茶文化底蕴，作为名副其实的海上茶路启航地，在我国茶业发展史上留下了浓墨重彩的一笔。

记载秘色瓷的法门寺地宫物帐碑

第二章 ◎

『海上茶路』宁波启航

一、"海上丝绸之路"与"海上茶路"

海上丝绸之路是古代中国与外国交通贸易和文化往来的重要海上通道，主要包括东海航线和南海航线两条。这条通道始于秦汉，经历唐、宋、元，在明代达到高峰，具体指古代中国与东亚、南亚、东南亚、西亚以及东非和欧洲国家之间的海上交往贸易航线，是已知最为古老的海上航线，是连接东西方文明的文化交流通道，也称"海上陶瓷之路"和"海上香料之路"，1913年由法国的东方学家沙畹首次提及。

海上丝绸之路萌芽于商周，发展于春秋战国，形成于秦汉，兴于唐宋，转变于明清。作为一项持续时间长达2 000多年、范围覆盖大半个地球的人类历史活动和东西方文化经济交流的重要载体，海上丝绸之路跨越浩瀚大海，把中国与世界连接起来，不仅把中国的丝绸、茶、瓷器、糖、五金等货物运输到国外，同时将航船所到之国盛产的香料、药材、宝石等带回中国。蓬莱（烟台市境北部）、扬州、宁波、福州、泉州、漳州、广州、北海八城市作为中国最主要的海上丝绸之路城市，犹如璀璨的明珠，点缀在中国漫长的海岸线上，放射出耀眼光芒。

2013年10月3日，国家主席习近平在印度尼西亚国会发表题为《携手建设中国——东盟命运共同体》的重要演讲，首次提出与东盟国家共同建设21世纪海上丝绸之路。在2013年12月13日闭幕的中央经济工作会议上，再次提出建设21世纪海上丝绸之路，加强海上通道互联互通建设，拉紧相互利益纽带。2014年3月5日，李克强总理在全国人大会议所作的政府工作报告时提出，抓紧规划建设"丝绸之路经济带"和"21世纪海上丝绸之路"。

随着"一带一路"倡议的提出，海上丝绸之路保护和申报世界文化遗产成为我国一项重大的文化举措。为此，宁波、泉州、漳州、蓬莱、扬州、福州、广州、南京、北海9个沿海、沿江城市，拟联合申请"海上丝绸之路"为世界文化遗产。

如果说"海上丝绸之路"是连接世界各地人民友谊的纽带，那么随着海上丝绸之路走向全世界的中国茶则是这条纽带上熠熠生辉的珍珠，是中国丝绸之路文明对话的重要内容。在"海上丝绸之路"众多的元素中，始于唐代，从明州、扬州通过东海而达周边诸国，从广州、泉州通过南海，沿中南半岛，穿过马六甲海峡，通过印度洋、波斯湾、地中海运往欧洲各国以及遥远的非洲大陆的海上茶叶外传通道被称为"海上茶路"。"海上茶路"和"海上丝绸之路"的走向大体是一致的，本质上是一脉相承的，运送茶叶、瓷器（包括茶具）的"海上茶路"，其实也是丝绸的贸易商路。

"海上茶路"是"海上丝绸之路"的重要组成部分，茶叶和瓷器是"海上丝绸之路"上的主要商品。"海上茶路"的水下留有丰富的茶文化遗存，这些茶文化遗存犹如璀璨的珍珠散落在通往世界各地的航道上，其中不乏载有上万件瓷器、茶具的沉船。1998年在印度尼西亚勿里洞海域发现的"黑石号"沉船，是一艘9世纪前半叶的中国沉船，携带有唐"宝历二年（826）"铭刻的长沙窑茶碗等。通过水下考古，从"黑石号"沉船中发掘出水瓷器6.7万余件，其中，绝大部分是长沙窑瓷器，并有越窑精品250余件。1987年，广州救捞局与英国海洋探测公司在阳江海域寻找东印度公司沉船时，意外在一艘宋代商船中打捞出200多件瓷器，该船被命名为"南海一号"。2000年，考古部门对"南海一号"正式展开调查，并于2007年正式打捞。经过7年的保护性打捞，至2015年年初，"南海一号"舱内超过6万件南宋瓷器重见天日，其中不少是各类精美茶具。2008年，宁波水下考古队在象山县石浦镇渔山列岛海域，发现一艘满载陶、瓷、铜、锡、木以及宁波特产梅园石的木质远洋商贸运输船，该船大约在清代道光年间沉没，被定名为"象山小白礁1号沉船"，从中打捞出大量精美青花瓷碗。

"哥德堡号"沉船上的瓷器

"海上茶路"不仅留有大量茶具,还留下了珍贵的茶叶遗存。1745年9月12日,满载2 388捆瓷器、2 677箱(约370吨)茶叶、19箱丝绸的瑞典"哥德堡号"商船,从广州出发第三次从中国返回,在茫茫大海上历尽艰险,没想到最后却在离家门口——哥德堡港900米左右的海域沉没了。"哥德堡号"在海底沉睡了200多年后,一位航海者在1984年意外发现了沉船所在的位置,一场有组织的打捞开始了。大量的中国瓷器、茶叶、香料和丝绸浮出水面。由于包装良好,时隔200多年的茶叶还散发着芳香,打捞上来的瓷器珍品更是震动了欧洲。

随着"海上茶路"研究的升温,各地对"海上茶路"启航地的地点曾争论不休,竞相冠名,宁波、厦门、泉州等地都先后主张自己是"海上茶叶之路"的起点、始发港或启航地,也提出各自发展"海上茶叶之路"的理由。如宁德三都澳港口拟筹备申报"海上茶叶之路"世界文化遗产,厦门学者曾在当地报纸和业界期刊上撰文刊出《"海上茶叶之路"申遗,厦门是起点最有资格》《厦门——海上茶叶之路的起点》等多篇文章,认为厦门才是"海上茶叶之路"的起点,是"最有资格申请此项世界文化遗产的城市"。泉州《东南早报》也曾

发表题为《"海上茶叶之路"权威证据泉州是起点有史有据》的专题
报道，主张泉州市是"海上茶叶之路"的起点。但厦门、泉州两地的
主张似乎都缺乏相应的确切史料和历史证据。此后，随着"海上丝路"

"哥德堡号"沉船茶样

2006年7月18日，重建的"哥德堡号"抵达广州

联合申遗城市的增加，关于"海上茶路"的启航地的争执并未偃旗息鼓。一些沿海城市和内河港口也纷纷加入挖掘茶文化历史资源的队伍，都宣称自己是"海上丝绸之路"始发地或启航地。虽然不排除有借此扩大影响的现实功利考虑，但至少说明，随着茶文化的海外传播越来越广远，茶叶生产和出口越来越兴旺，世界各国爱茶、饮茶人口越来越多，各地在振兴茶产业、繁荣茶文化上有较大的积极性，这将为中国茶和中华茶文化走向世界作出更多贡献。

二、宁波港的特色优势

海上茶路启航地，主要是指起到茶与茶文化传播作用的使船、商舶的启航地。站在历史和现实客观立场上看，"海上茶路"上有许多古老的海上航线，存在许多历史悠久的"茶港"，特别是东南沿海具有较为典型的古代外贸港口特征的各大港口，他们都在近百年的近代茶叶出口贸易中扮演了各自的角色，对传播东方文明、沟通西方经济、促进东西方茶叶贸易作出过卓越贡献，但"海上茶路"的启航地只有一个。作为"一带一路""长江经济带"的重要节点城市宁波，早在2001年就举行了"海上丝绸之路文化国际学术研讨会"，发表了21世纪的"海丝"申遗重要文献《宁波共识》，并在2006年4月24日召开的第三届宁波国际茶文化节上举办了首届宁波"海上茶路"国际论坛，与会专家学者围绕"海上茶路"启航地，分别用历史、文化、文学的视角，剖析了宁波"海上茶路"的悠久历史，宁波为"海上茶路"启航地的历史事实在论坛上得到了中外专家、学者的一致认定。在这一点上，宁波不仅抢得了先机，而且大量的文献资料和物证遗存也都表明，中国茶叶输出海外最早记载发生在宁波，宁波港输出茶叶时间之早、历史之长、数量之多、影响之大均为中国之最，具有其他古港难以企及的优势。

（一）独特的水利区位条件

宁波港位于东海之滨，余姚江、奉化江汇合之处，东有舟山群岛为天然屏障，北濒杭州湾，港域辽阔，水深浪小，长年不冻，是一个自然条件十分优越的深水海港，是著名的海上丝绸之路的始发港之一，在中国对外交通、贸易、文化交流中占有重要地位。

早在六七千年前的新石器时代，在现在余姚市罗江乡的沿江一带，河姆渡人已能"刳木为舟，剡木为楫"，向江海拓展自己的生存空间，开创了灿烂的河姆渡文化。鄞州出土的战国时期羽人竞渡纹铜钺上，刻有头戴羽毛冠的四人双手持桨作奋力划船状，动作整齐划一，头冠上的羽毛似乎迎风飘扬，生动刻画了早期宁波先民航渡活动，展现了宁波与海、与船的关系。

战国羽人竞渡纹铜钺

周元王三年（公元前473）前后，越王勾践以东疆句余之地开拓为句章，并在城山渡附近建筑句章城。随着人口增加、技术进步以及生态环境变迁，沧海桑田，海退人进，河姆渡地区通往出海口的航路已难以适应航海需要，适宜出海的句章港开始出现，并成为春秋战国时期中国九大港口之一。秦汉至六朝800年间，由于战乱迭起、兵连祸结，句章港作为海上军事要塞而屡见于史册。隋开皇九年（589），句章港的历史地位开始被自然条件更为优越的甬江三江口所取代。

到唐代，明州州治与鄞县县治互换，明州港就此迅速崛起，晚唐时成为全国著名的对外贸易港，并与扬州、广州一起列为唐代三大名港。两宋时期，因政治格局的变化，直接促成明州港成为我国向东北亚、东亚开放的核心口岸和"海上茶叶之路"重要的对外贸易港。"海外杂国、贾船交至"，明州港的对外贸易达到极盛时期。宋初自两次北伐失利后，对辽已完全采取守势。北宋中期，受辽、金强大的军事威胁，宋政府开始严格限制客旅商人从海道入高丽和到登州、莱州。熙宁七年，高丽使者提出改道明州港入宋，宋朝欣然接受。从此，北路登州、莱州航线趋于衰落，明州港成为与东亚地区的高丽、日本诸国贸易的主要港口。到南宋，由于秦岭淮河以北领土全部被金占领，明州港客观上成为宋与日本、高丽在地理上最为接近的港口。同时，由于南海航线的拓展，明州与东南亚地区的贸易往来也大大加强。这一时期，明州不仅取代了杭州在两浙诸港口中的龙头地位，而且成为与广州、泉州齐名的东南三大贸易港。

论及中国古代对外交通之港口，向来以广州、泉州、明州鼎足而三。广州自汉唐以降至近代，向来是中国首要的海外贸易重镇；泉州在宋元时期，一度是全国乃至全球最大的航运港口，但后来趋于衰落；至于明州，开港也甚早，持续时间长，且有自己独特的专门航线——北上对朝、日之交通。因此，与沿海其他港口相较，由于独特的地理位置和优越的港口条件，宁波港口文化的辐射性显得更有特色。在长期海外交通活动中，明州形成了至日本、朝鲜和南洋诸国的一些固定航线，不仅是宋丽、宋日交通之据点，还可以琉球群岛为中转站，向南辐射至南洋或南海诸国的西太平洋和印度洋交界的地区和岛屿国家，这是其他港口所不具备的独特区位条件。比如，已经在北宋末期封闭的登州港，虽然它与朝鲜半岛的直线距离最近，港口条件和航线条件也很优越，但它的主要海航对象是高丽和日本，几乎无法延展至南方海域；南方的广州港因地理位置过于靠南，主要海航辐射对象是南海诸国，而难以顾及北方海域；泉州港，虽可南北兼顾，多面辐射，既有面向南海诸国海洋航行的便利，又有海船直达日本高丽的条件，但泉州港与这些主要贸易国家的海航航程都较远。从泉州到南海诸国均属远洋航行，即使到最近的占城、真腊，也需一个月的时间，《诸蕃志》卷上载："真腊，接占城之南，东至海，西至蒲甘，南至加罗希。自泉州舟行，顺风月余日可到。"到达主要贸易国大食的时间更是长达半年，甚至需要一两年。明州港与主要贸易国日本、高丽的海航时间仅3～10天，北宋宣和年间，使节徐兢在出使高丽归国后所著的《宣和奉使高丽图经》记载："以北风初发明州，以其年五月二十八日放洋，得顺风至六月六日，即达群山岛。"

此外，明州地处中国大陆海岸线的中段，浙东运河的开通使明州港位于东部沿海和长江水道T形航线交汇点，形成依山濒海、三江贯流的便利地势，对外依靠甬江航道接通海路，对内则借助浙东运河等发达的水系汇通中原。长江沿线和运河沿线广大地区的外贸物品可以通过长江、运河运至杭州，再沿浙东运河至明州，然后换船出海。海外来舶驻泊明州后，改乘内河船，溯余姚江，经浙东运河至杭州，与大运河相接，可直达扬州，或至中原重镇洛阳和京城长安。国外商品可通过长江水道纵深进入到中国内陆腹地市场，国内商品也可经长江水道汇集流转至明州港向外开拓海外市场，通江达海的优势放大了明州港的辐射效应，这是明州相较于同一时期其他古港的另一显著优势。

庆安会馆（天后宫）见证了明州的河海交汇，是大运河宁波段的重要历史遗存

得益于此，除日本和朝鲜的商船外，大食、波斯、阿拉伯等东南亚、西亚乃至地中海、非洲诸国的贸易往来亦能见诸史料。据《宝庆四明志》卷六（市舶）载，"外化蕃船"运来的商品有80余种，"海南占城西平泉广州船"运来的商品有70余种。说明，不仅有外国商船直接将海外商品运到明州港，一些运到广州、泉州的蕃货也转运到明州港，正是缘于明州港特殊的区位条件。

（二）茶香浓郁的东方大港

宁波是我国最早的原始茶产地之一，是中国茶饮、茶事、茶文化的主要源头。从距今7 000年前的余姚河姆渡遗址发掘出了目前所知的世界上最早的代用茶，到距今6 000年的田螺山遗址人工栽培山茶属植物的发现，到汉晋时期名茶瀑布仙茗的诞生，宁波茶业发展的历史也是中国茶饮之盛发展的缩影。

宁波港历经先秦、汉唐、宋元、明清，延续几千年而经久不衰，堪称是千年古港。唐代，明州与扬州、广州并称中国三大对外贸易港口。入宋后，伴随着明州地区经济的进一步发展、造船和航海技术的进步以及政府对海外贸易的日趋重视，明州港的对外贸易进入了一个新的繁荣期，港口贸易盛况空前，"万里之舶，五方之贾，南金大贝，委积市肆，不可数知"，并与广州、泉州同列为对外贸易的三大港口重镇。在宁波的三江口江夏码头有考古发掘出土的北宋时期的外海船、大批北宋的石砌码头，足见当时茶叶瓷器贸易的繁盛和码头规模的宏大。

宁波港也是中国茶叶、茶具出口的主要港埠。唐代以来，在宁波的对外贸易中，茶叶是大宗商品。宋元时期设市舶司，主管宁绍台三地茶盐，浙东茶盐办事机构均设在明州。据《宋会要辑稿·食货二九》"产茶额"其下条目记载，南宋绍兴三十二年（1162），"两浙东路绍兴府、会稽、山阴、余姚、上虞、萧山、新昌、诸暨、嵊：三十八万五千六十斤。明州，慈溪、定海、象山、昌国、奉化、鄞：

五十一万四百三十五斤……。两浙西路临安府、钱塘、于潜、临安、余杭、新城、富阳：二百一十九万六百三十二斤……常州宜兴6 122斤。"可见当时明州所产茶叶数量居两浙路之首。北宋年间，宁波一度成为与高丽等国官方往来以及海外贸易的唯一合法港口。据清代时海关统计，仅茶叶一项，宁波港每年出口已在40万担以上。

近代，虽陆运和上海港日渐勃兴，但宁波港凭借其水路优势，又处海岸线中段地区，仍有大量外省茶叶竞相从宁波港出口，使得宁波港不仅是宁波本地茶叶出口和外销的通道，也是皖赣眉茶、平水珠茶和青瓷茶具出口的重要口岸。尤其是1860年以后，因上海和安徽、浙江等绿茶产区之间的运输通道被太平军阻断，所以众多上海洋行开始在宁波设立分行收购茶叶，并利用水路往来于宁波、上海与香港等港口运输茶叶，通过宁波港出口的绿茶年年增加。据陈慈玉《近代中国茶业之发展》一书中的统计，从1860—1920的60年间，平均每年从宁波口岸出口的茶叶超过6 050吨。当代，宁波港仍为全国茶叶出口主要港口，占全国茶叶出口总量三成以上。

改革开放后，宁波港的茶叶出口占国内茶叶常年吞吐量的四成多。如今，宁波港仍是我国重点开发建设的四大国际深水中转港之一，每年12万吨左右的茶叶出口量，仍占全国茶叶出口总量的三成以上。

"书香满城，港通天下"，宁波有着厚重的文化底蕴与连接全球便利的交通，且在自古迄今的沿海港口中，宁波港是历时最长、范围最广、内容丰富、遗存众多的茶叶出口港。经久不衰的千年古港、繁荣的明州茶业与兴盛的禅茶结合是海上茶路得以传播的基础，在如此先天优势和历史背景下，茶与港的汇聚使宁波具有成为海上茶路启航地的先决条件。

三、宁波港首开"海上茶路"之先河

隋唐时，宁波港首开"海上茶路"之先河。有确切文字资料记载的是唐永贞元年（805），日本高僧最澄到台州、越州（今绍兴）、明州（今宁波）学佛回国时，带去了茶叶、茶籽，部分茶籽种于日本近江日吉神社旁，这是中国向海外输出茶叶的最早文献记录。最澄之后，与茶事相关的多位日本高僧均从明州港回国带去茶叶或茶籽，其中唐代主要有空海、永忠等，宋代主要有荣西、南浦绍明、希玄道元、圆尔辨圆等。

文物史料还证实，东北亚的朝鲜半岛、东亚的日本列岛，以及东南亚等地区的茶和茶文化，都是通过明州港沿海上茶路传播过去的。朝鲜、日本都是文明发展较早的东方国家，一些饮食文化、习俗礼仪多效仿中国，有关茶及文化输入的情况无论是在中国古代文献还是在朝、日两国都记载较详、较多。此外，朝鲜和日本实际上与中国文化同源，可以说两国的茶文化是对中国茶文化连同物质形态与精神形态全面吸收。自唐、宋到明代饮茶方式的改变与饮茶文化的进步，皆能远渡重洋；而来华学习的遣唐（宋）使、遣唐（宋）僧，常得文化风气之先，这些都与宁波有直接的关联。

宁波市文化考古研究所林士民研究员分析认为，中国茶叶从海路经宁波港向外传播的路径或航线大致包括3条。

第一条，是东亚的日本列岛博多津与明州港的海上茶路。这条航路从明州港出发，横渡东海，到达日本值嘉岛再转航至博多津港。博多津为日本国际性港口，唐宋时期大批日本名人通过这个港口进入明州，而明州的海运商团，如张友信等亦经常往返于此港。活动在这条路线上的代表人物包括最澄大师，宋时的荣西、道元大师等。

第二条，是东北亚的朝鲜半岛与明州港的海上茶路。在朝鲜半岛南端的莞岛清海镇港，是唐代张保皋商团的驻地。张保皋商团从中唐晚期开始活动，与明州商帮团一起是构筑东亚贸易圈的主要海运商团，长期活动于山东沿海与明州港及日本的博多津港，逐步形成了以这几个港口为中心的东亚贸易圈，其中，明州港是大量输出丝、茶、瓷器的主要港口。张保皋的船队不但经常往返于明州港，而且还深入到明州地区的象山、临海、黄岩等地，目前在象山的新罗岙，临海的新罗山、新罗屿、新罗坊以及舟山的新罗礁和后来的高丽道头、高丽亭等文物史迹，都是海上茶路开通后最好的历史见证。值得一提的是，张保皋海运商团驻地的清海镇港，在古城遗址中出土了不少唐代明州茶具，如壶、罐、碗等器皿。

此外，在朝鲜半岛的康津是越窑制瓷技术直接移植、传播的基地，五代北宋时已能大量生产茶具。徐兢的《宣和奉使高丽图经》中记载有关茶叶的文字，高丽"土产茶，味苦涩，不可入口。惟贵中国腊茶，并龙凤赐团，自赍（赏赐、赠送）之外，商贾亦通贩"，充分说明当时除了朝廷赏赐名贵茶叶之外，在明州与朝鲜半岛的通商贸易中也有大量的茶叶输往高丽。据考，明州港在11世纪末或12世纪初已经开始大批出口茶叶，比南方的广州等港口向欧洲等国家输出茶叶的时间要早约500年。

第三条，是明州港远洋航线的海上茶路。这条航路从明州港出发，一路经广州—崖州（海南省三亚市西部）—交趾（中国古代地名，位于今越南北部红河流域，又名交阯）—占城（中南半岛古国，位于今越南河静省横山关一带，又名占婆、占波）—真腊（中南半岛古国，位于今柬埔寨境内，又名占腊、甘孛智），到达三佛齐（苏门答腊岛东南部古国，又名室利佛逝）这个中转大港；另一路经琉球—麻逸（菲律宾古国之一，又名摩逸、麻叶）—淳泥（加里曼丹岛北部文莱一带的古国，又名婆利、婆罗）—三佛齐，后向西经个罗（古国名，今马来西亚西岸吉打和其北部地区），到达波斯湾畔、开罗等地。这条远洋航线中出土了大量唐代至北宋的越窑茶具。

饮茶之风的兴起和茶文化的形成与佛教有着密切的关系，茶的自然功能被寺院所接受，从而形成全国性的饮茶热潮。宁波港不仅首开中国茶叶从海路向外传播之先河，为日本、朝鲜半岛的饮茶、种茶，以及后来茶道、茶文化奠定了基础，而且宁波是禅茶文化输出的主要通道。

宁波熏沐儒、道之风甚早，在汉末三国时已有经学大家虞翻讲学的记载。西部的四明山是道教的"第九洞天"，南部的天台山则是道教南宗发源地，均为茶叶产地。宁波及相近州、府一带著名寺院多，自古就有"东南佛国"之称。寺院茶俗所提倡的清雅、宁静、俭德等精神与僧人们修习佛法时"六度""五戒"的规度相暗合，这使茶成为僧人修行打坐的必需品，因此，海外来明州修行的僧人归国时，大多会带回茶叶或茶籽。

隋唐时期日本专门派遣使团来中国，日本历次遣唐使团大多从明州登陆入唐，明州成为中日经济、贸易以及文化的主渠道。同时还有日本的高僧、商人自发入唐，中国的高僧从明州赴日传经，都极大地促进了中日茶禅交流。来到中国学习的各时代的留学僧人和留学生们，大都也是通过明州（宁波）这个港口进入中国的。

日本遣唐使船

在最澄之后，日本有多位高僧来中国学佛求法，取回佛经，归国建立宗派，如永忠、空海、荣西、希玄道元、圆尔辨圆、南浦绍明等，都从明州出入。尤其是荣西，于南宋乾道四年（1168）、绍熙二年（1191），两次从明州入宋学佛。第二次在华学习4年多，其中，两年多随虚庵怀敞在明州天童寺修行。除了在佛教方面有很深的造诣外，他对陆羽《茶经》和中国茶文化也颇有研究，所著《吃茶养生记》是日本第一部茶文化专著，被尊为日本"茶祖"。

高丽（朝鲜）王族高僧义通，从明州学习归国后，成为中国天台宗第十六祖师，并弘扬天台宗禅茶文化20年。义天从明州归国后创立高丽天宗，寺院建筑仿效国清寺建造，成为高丽佛教天台宗与禅茶祖师。

南宋来杭州径山寺学佛的日本高僧南浦绍明，师从宁波象山籍高僧、径山寺住持虚堂智愚9年，回国时不仅带去了径山寺的茶籽和种茶、制茶技术，同时传去了供佛、待客、茶会、茶宴等饮茶习惯和仪式，促进了日本茶道的发展。日本高僧、荣西弟子希玄道元，在日本茶文化中也具有重要地位，其弟子2008年在宁波市三江口树立"道元禅师入宋纪念碑"与翌年建立的"海上茶路"启航地主题景观相邻。

日本茶道与韩国茶礼，都是中国茶文化经明州东传日本和朝鲜半岛后，在吸收中国茶禅文化的基础上，传承发展而来，是禅茶东传结出的丰硕之果。

四、三江口是"海上茶路"启航地点

2007—2013年，宁波茶文化促进会、宁波东亚茶文化研究中心先后4次召开"海上茶路·甬为茶港"国际研讨会，通过学术研讨，海内外专家和学者一致认为，宁波为当之无愧的"海上茶路"启航地。2013年4月24日，在宁波举行的"海上茶路·甬为茶港"研讨会上，90多位海内外专家、学者，一致通过《"海上茶路·甬为茶港"研讨会共识》，确认宁波是中国历史上输出茶种年代最早、时间最长、数量最多、影响最大的港口，进一步确立了宁波作为"海上茶路"启航地的特殊地位。

茶叶从宁波通过海路传入日本和朝鲜半岛，宁波作为海上茶路启航地的历史事实已经得到了专家的一致公认。但几乎所有的研究和论文在提到启航地的时候均泛指古明州港，均无涉及"海上茶路"的启航地点与输出港口的具体位置、地点与相关的载体，中国的茶文化究竟是从哪个地方出航，"海上茶路"的启航地点和船舶输出港口的地点、具体位置等到底在宁波的哪里，仍然扑朔迷离。

为探究这一问题，以宁波文物考古研究所所长林士民研究员为代表的专家、学者对"海上茶路"启航地点进行了大量细致的研究与考证工作。他们通过翻阅海量的文献资料，结合考古发现并多次对宁波沿海及甬江沿岸各港口进行实地调查、考证后认为："海上茶路"的启航地点和船舶输出港口的具体地点就是今天的宁波三江口一带的海运码头。

考证结果发现，唐代明州港已跻身于大唐交州（今越南地）、广州、明州、扬州四大海港行列，当时对外贸易兴旺发达。唐代日本遣唐使船登陆鄮县（明州）港，最早一次是唐显庆四年（659）。日本第四次遣唐使舶从鄮县三江地区登陆，文献记载"越州登陆"，当时只有鄮县的三江口可通越州都督府治地，是唯一的港口。据施存龙教授考证，当时绍兴不是海港，周围也没有港口，唯一的港口就是鄮县港（即三江口）；唐贞元二十年（804），日本桓武朝第十二次遣唐使船舶，又在三江口鄮县治登陆，著名的佛教天台宗创始者最澄大师就是这次入唐的，大师在天台山留学后，从上虞峰山道场通过水路到达明州，是三江地区最早受法的外国僧人。时隔不到1年，日本遣唐使的另一艘船舶从福建开到明州，两舟又从明州启航返日。考古发掘资料与遣唐使所带的大量物资交换出售等情况证实，当时遣唐使舶、唐商船等停泊地就在三江口治地。

鄮县港升为明州港后，通过几十年的建设，使船、商舶都停于三江口一带，这不仅在明州史料发现有相关证明，而且在记载日本真如亲王（又称头陀亲王）入唐经历的遣唐使实录《真如亲王入唐略记》中也有迹可循。亲王一行于咸通三年（862）九月七日抵明州，在"九月十三日，明州差使司马（唐为郡的佐官）李闲，点检舶上人物，奏闻京城"。这个检查在东渡门外海运码头。唐代明州商帮李邻德、张友信等海运商团，多次从明州鄞县治或望海镇扬帆去日本或归来，其外输的商品中，主要是丝、瓷、茶等。唐代来访的阿倍仲麻吕、空海、最澄、头陀亲王、新罗遣使、新罗时代张保皋商团等外国人的船舶，多数都在三江口东门江厦街一带海运码头启航或停泊，他们所带去的茶与茶种都是从这个港口出去的，因此这里成为唐代东方"海上茶路"的启航地。

两宋时东门口到灵桥门一带已是繁荣的国际海运码头。北宋时，这里不但建起了一批海运码头，而且根据宋朝对外贸易的需要，在明州设置了专门管理海舶的机构市舶司（务），在灵桥城门北又设置了市舶司城门，称来安门。门内是市舶司机关并设有市舶仓库，当货品来不及转运时，便存放于市舶库保管。据考古发掘，市舶库占地面积在12 000平方米以上。市舶司城门外置来安亭，为船舶出入验证、验货的关卡。在城外建造了著名的江厦寺，江厦码头和江厦街由此而得名。南宋绍熙年间（1190—1194），福建舶商在江厦码头旁建起了一座巍峨壮观的天妃宫（妈祖庙）。当时在灵桥堍还设有市舶船厂，专门修理进港之船舶。在北端东渡门外又专设造船监官厅事和收税的税务机关环富亭。

北宋朝廷二次出使高丽，使团的"万斛"神舟从东渡门起碇。北宋，高丽的使团入明州也由此上岸。通过考古在江厦码头发掘出土了北宋时代外海船，大批北宋的石砌码头、南宋引桥式码头和唐代坚硬的江岸码头，反映了码头的规模与建筑的精湛。清人徐兆昺的《四明谈助》所记载的"滨江庙左，今称大道头，凡番舶商舟停泊，俱在来远亭至三江口一带"。正是东临巨海，往往无涯；泛船长驱，一举千里，海物惟错，不可称名"，说的就是自灵桥至三江口的江厦道头，这里不但是阿拉伯、波斯、日本、高丽等外国舶商物资交换之地，而且也是国内南北货舶转运、贩运的主要市场。作为唐宋时期明州的主要港埠，三江口是国内南北货舶转运、贩运的主要市场和阿拉伯、波斯、日本、高丽等外国舶商物资交换之地，不论遣唐使、遣唐僧等还是商旅，他们从明州或天台山或径山带回茶或茶种都从这里登岸回国，使这里成为宋代"海上茶路"的重要启航地。

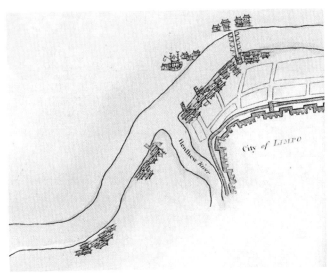

1756年英国人手绘的三江口地图

旖旎的三江口风光

2009年5月21日，宁波市在古明州码头遗址，今三江口江厦公园内建成海上茶路启航地纪事碑主题景观，刻写碑文如下：

茶为国饮，发乎神农；甬上茶事，源远流长。《神异记》载，晋余姚人虞洪入四明山瀑布岭，遇丹丘子获大茗。唐陆羽《茶经》称瀑布仙茗为上品，赞越窑茶碗类玉类冰。

明州（宁波）自唐宋遂成中外贸易商埠，江、浙、皖、赣诸省尽为腹地。茶输海外，绵绵不绝；起碇江厦，史论凿凿。唐有日僧最澄之移种；宋有荣西之习茶承道，著《吃茶养生记》，奉为日本"茶祖"。高丽僧义通、义天于五代、宋代学佛事茶于明州等地。茶之苗种道习，此后源源输于东海。并茶而行者，有越窑青瓷茶具。故海上茶路，具茶并行，道习双传，其文化蔚然而为大观者也。逮至有清，有粤籍刘峻周者，将甬茶移种于格鲁吉亚，开前苏联种茶之先，尊为"茶叶之父"。今宁波港仍为茶叶出口之重埠。

茶之为体，色香味形；茶之蕴涵，德道习法。佐思辩，开禅趣，为中华文化之一绝，东方生活之美篇，世界三大饮法之冠。欧美共仪，万国同赏。以此观江厦古码头，盖为海上茶路启航地，于世界茶事重矣，于海上丝路重矣，于宁波历史重矣。

特立是碑，以启后人。

三江口江厦公园内的海上茶路启航地纪事碑文

位于宁波市中心三江口古码头遗址内的海上茶路启航地主题景观

　　海上茶路启航地主题景观占地面积6 000多平方米，由1个主碑、4个副碑、茶叶形船体和船栓群组成。纪事碑形象地展示了始于唐代，经过宋、元、明、清，延续至今的海上茶路，出海大船从明州港始发，北达高丽；东至日本；南至广州再通向两条线路，一条向东南，一条向西南，通往东南亚各使国，以至地中海沿岸，是海上丝绸之路的重要组成部分。帆型的主碑碑墙，高3米，长18米，上刻中英文碑记，4块副碑记述了举世闻名的宁波茶史茶事。寓意"海上茶路"的叶形船体占地近200平方米，纪事碑前的船栓群象征着古代明州港桅樯林立，万商云集，寓意宁波城从诞生到繁荣的历史进程，蕴含着沧海桑田的历史变迁和往昔樯桅林立，"走遍天下，不如宁波江厦"的繁华景象。海船开茶路，茶叶传友谊，海上茶路启航地主题景观已经成为中外游客，尤其是茶文化与历史爱好者喜爱的特色风景。海上茶路启航地纪事碑的建立，将无形的文化遗产变为有形的资源，不仅成为彰显宁波厚重茶文化底蕴的一件大事，而且是中国茶文化建设的重要成果，具有巨大的社会价值和历史意义。

第三章 ◎ 茶禅东传宁波缘

禅宗是中国佛教的重要派别，对中国文化的发展影响深远。佛教自传入中国以来，便与茶结下了不解之缘。禅宗促进了中国人饮茶风俗的形成和广泛的传播，禅宗兴而饮茶兴，禅宗盛而饮茶盛。佛教的修行方法是戒、定、慧。定、慧就要坐禅，禅是静虑之意。佛教禅宗大兴后，僧俗信徒都得坐禅。对此，陈椽先生在《茶业通史》中写道："茶叶生产的初期发展，是与山上庙寺佛教徒普遍种茶分不开的。佛教促进茶叶生产的发展，茶叶是僧人坐禅修行不可缺少的饮料。"茶所具有的兴奋破睡、止渴生津等功能，很能适应佛教僧俗信徒守戒坐禅的需要。

"茶之为用，味至寒，为饮，最宜精行俭德之人。"陆羽茶圣在《茶经》里将茶的精神内涵概括为"精行俭德"，这与佛教提倡的"寂静淡泊"的人生态度也若合一契。茶性之苦与佛性之苦相通，除此之外，茶洗心、禅净灵，回到本真上来说，茶的本性清淡与禅的本性自然恰好契合，品茶与参禅皆需心气平和，这也是"茶"与"禅"得以结缘的深层次原因。于是，僧人们逐渐将喝茶参禅融入修行的实践中，茶也被广泛运用于佛门供奉、日常品饮、庆典节礼、馈赠交际等佛寺生活的方方面面。饮茶参道、置茶设问，诞生诸如赵州和尚的禅关"吃茶去"等著名的偈语，借助茶事体悟佛法、领悟般若，"不立文字，教外别传；直指人心，见性成佛"，形成了"茶禅一味"的中国茶文化特色。

一、禅与茶的结合

茶与佛教的结合是在僧人植茶、制茶、采茶、饮茶等活动的应用过程中所产生的形而上的文化现象，也就是僧人通过一杯茶在禅修和礼佛活动中孕育出来的价值观念。修持生活中的僧人饮茶，在渐渐的演化中变得不再执着于祛除睡魔的现实效用，而是在饮茶中体悟自己，见性成佛。悟茶入道、顿悟成佛、参禅品茗成为丛林僧侣的爱好，通过品茶品出茶味，悟出禅机。农禅并重的禅修方式，使僧人与茶之关系颇为紧密，僧人种植茶树，也将茶纳入佛门的法事生活之中。无论"茶米油盐酱醋茶"还是"琴棋书画诗酒茶"，中国茶从来都没有把自己仅仅局限在物质层面上。随着禅与茶的结合，茶载负了更多的精神文化意义。

汉晋时，茶饮之风伴随佛教东传，渐渐与宗教交融。佛教坐禅饮茶，有文字确切记载的可追溯到晋代。据《晋书·艺术传》记载，敦煌人单道开在后赵都城邺城（今河北临漳）昭德寺修行时，不畏寒暑，昼夜不眠，诵经四十余万言，经常用饮"茶苏"（"时饮茶苏一二升"）来防止睡眠，这表明佛教徒饮茶的最初目的，是为了坐禅修行。

唐代是我国封建社会空前兴盛的时期，也是我国古代茶文化发展的鼎盛时期。尤其是在隋唐之际，由于朝廷的提倡，佛教古刹遍布全国，寺院又常常建在名山之间，清幽古朴，环境怡人，气候适宜茶树种植，所以许多寺院都有种茶的习惯。僧人们所追求的缘起性空、静心自悟的精神修养与茶的清新淡雅不谋合同，饮茶逐渐成为僧人们的日常。佛教对饮茶的重视，使得饮茶逐渐成为寺院制度的一部分。

唐开元时，禅宗大兴。先是神秀一系的北宗勃兴，继之是慧能一系的南宗崛起，并取代了北宗，呈"一花五叶"的极盛局面。禅宗强调以坐禅方式彻悟心性，寺院饮茶风尚更加推崇。封演的《封氏闻见记》写道："开元中，泰山灵岩寺有降魔师大兴禅教，学禅务于不寐，又不夕食，皆许其饮茶，人自怀挟，到处煮饮。从此转仿效，遂成风俗。"降魔师即降魔藏禅师，为神秀的弟子。降魔藏在北方大兴禅教，弘传神秀北宗禅法，使饮茶风俗传播到北方广大地区，促成了北人饮茶风俗的形成。僧人习禅定，"务于不寐"，通常不眠或少眠，容易困乏、疲倦，饮茶能兴奋大脑，令人少睡。而且，禅佛徒平日蔬食简单、营养不足，"又不夕食"，茶中富含多种营养成分，饮茶可以补充养分，既能解渴充饥，又能驱赶睡神，从而激发修道的毅力与悟性。

《封氏闻见记》唐代封演撰

从降魔藏禅师开始，经净众无相禅师开花结果后，禅和茶如影随形，给茶带来了崇高的使命。僧人用茶说禅，由于自身修行的需要，在寺院附近总是有连片的茶园。茶为禅的物质载体，禅为茶的精神归宿，茶清新淡雅，禅静雅清和，二者相辅相成，共筑茶禅文化之根本。茶禅文化在漫长的演进岁月中，汲取了各个时代主流思想文化中的营养成分，集儒家的中庸、道家的自然以及佛家的和合于一身，并衍生出了丰富且具有自身独特魅力的精神内涵。

中唐之后禅宗的发展更是将茶与禅推向了更高的文化层次，无论是在种茶、采茶、制茶的茶事生活中，还是在茶礼、茶饮等茶文化的建构过程里，都能看见僧人的身影，很多高僧大德都精于茶道。僧人们不仅视饮茶为日常事务的一部分，而且禅宗寺院里还常常举办仪式严格的"茶会"，寺院中甚至出现了专事植茶、采茶、煎茶的职务，专设"茶堂""茶寮"作为以茶礼宾的礼物，配备"茶头"施茶僧的职位，用以接待宾客。盛唐晚期，佛教寺院尤其是禅宗寺院里饮茶已蔚然成风，常常需要长时间坐禅的僧人们已经潜移默化形成了饮茶的习惯，茶可提神、可助消化，多饮亦使人"不乱其性"。

宁波自古有"东南佛国"的美誉。自东汉末年佛教开始传入浙东地区并逐步为社会所接受，宁波地区逐步出现了早期的佛教寺院。三国孙权时，西域僧人那罗延在慈溪五磊山结庐礼佛，这是宁波佛教的兴起。至西晋时期，佛教在浙东进一步流传和发展，阿育王寺、天童寺这两座在中国佛教史上具有重要影响的寺院也在这一时期修建。天童寺位于宁波市东25公里的太白山麓，始建于西晋永康元年（300），具有1 700多年历史，曾列入禅宗五大寺院之一，并与镇江金山寺、常州天宁寺、扬州高旻寺并称禅宗四大丛林。唐宋时期，佛教在宁波大为盛行，高僧大德辈出，城内有七塔寺、延庆寺等，鄞县有天童寺、阿育王寺、金峨寺等，慈溪有保国寺、普济寺、永明寺、五磊寺等，镇海有宝陀寺、瑞岩寺、灵峰寺等，奉化有雪窦寺、岳林寺、净慈寺等。特别是在宋代，宁波更是以"浙西山水浙东佛"享誉四海，阿育王寺和天童寺为禅宗五山之二，雪窦寺属禅宗十刹之一，这些名寺成为僧人们的向往之地。

阿育王寺

通往天童寺的古山门

天童寺万工池旧照

天童寺天王殿

宁波又被敬称为"四明三佛"之地，中国佛教尤其是禅宗历史上很多耀眼的光点，都在这方净土上绽放出来，特别是天童寺成为佛教文化交流的中心之一，宁波也由此成为佛教向海外传播的辐射源。

　　茶和饮茶的日臻发展，禅宗的日趋鼎盛，奠定了明州茶禅文化的基石。宁波历代高僧，多与茶禅有缘，最早可追溯到中唐时代的高僧百丈怀海（720—814）。据民国十一年（1922）宁波《金峨寺志》记载，距今1250多年前的唐大历元年（766），怀海云游明州鄞县（今鄞州区），见鄞南金峨山一带山水清秀，遂披荆斩棘，结茅建庐，于团瓢峰下创建罗汉院，是为今金峨寺开山之始。怀海禅师是"一日不作，一日不食"的农禅开创者，其著名的《百丈清规》可谓佛门茶事之集大成。《百丈清规》包括禅僧的一切行为规范，将坐禅饮茶列为宗门范式，为茶禅文化起到承前启后的推进作用，从此佛家茶仪正式问世，并为铺就明州与日本乃至东亚的"海上茶叶之路"创造了更加有利的条件。

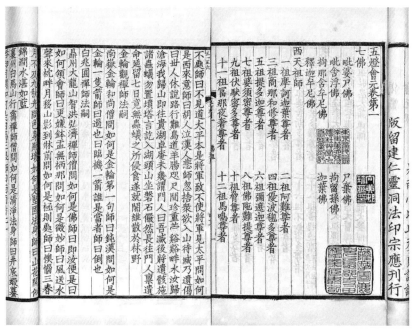

佛教禅宗史书《五灯会元》，作者普济

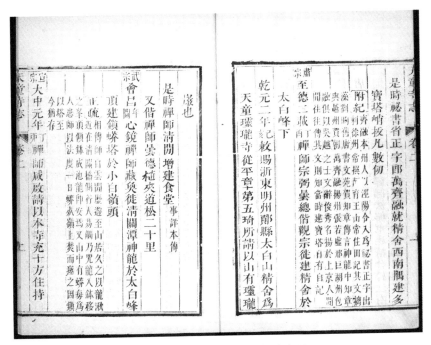

记载咸启禅师住持天童寺的书影

　　宋代释普济编写的禅宗史书《五灯会元》卷十三载："明州天童咸启禅师，问伏龙：'甚处来？'曰：'伏龙来。'师曰：'还伏得龙么？'曰：'不曾伏这畜生。'师曰：'且坐吃茶。'"《天童寺志》载："宣宗大中元年丁卯，禅师咸启请以本寺充十方住持。"据此，唐代会昌、大中年间（841—860），天童寺住持咸启禅师"且坐吃茶"的茶语，为宁波禅茶最早的记载，时间甚至早于唐末五代赵州从谂禅师"吃茶去"公案。

　　南宋定都临安，作为都城外港的明州地位凸显，深水良港的地理条件，使得宁波不仅成为一衣带水的日本与中国文化贸易交流的门户，而且成为东南亚、西亚等国交往的前沿，大量商人来明州从事贸易与文化交流，其中不少人长期寓居明州。唐、宋、元的各个时代，众多留学僧侣从明州的河口、三江口等地上岸，在各地的寺院学习佛教的同时，也学会了饮茶和茶文化，求学返回日本传播佛教的同时，也带回了茶种和饮茶文化。据《天童寺志》记载，宋、元、明时期，先后有32批日僧到天童寺参禅、求法。天童寺也有11位僧人赴日弘法传教，其中8位僧人获日本天皇敕赐"国师"封号。往来日本与宁波的僧侣在三江口一带登陆和出发，使明州成为禅宗和茶文化东传的起点。随着佛教文化东传日本和朝鲜半岛，茶亦伴随着佛教的脚步一起传入，推动了茶文化在日本和朝鲜半岛等地区的广泛流传，结出了日本茶道、韩国茶礼丰硕之果，成为中外文化交流史上的佳话。

二、隋唐时期禅茶东传日本的门户

唐代以来，通过东亚海上丝绸之路，中国的政治制度、文化制度以及服饰、音乐、绘画、科技、宗教等各个方面，开始更广泛地传播、影响朝鲜半岛乃至整个东亚地区。为了学习中国文化，日本从奈良时代开始有计划地先后派出遣隋使来中国学习，同时有大量留学生和僧人随行。由于唐宋政权推行积极的对外开放政策，使日本在大化改革之后实行的遣唐使、遣宋使及为数甚众的佛教人士不畏艰险、远涉重洋求法中国成为可能。630—894年，日本先后派出19批遣唐使来华，遣使团成员最初主要由朝廷官员组成，后逐步增加了医师、乐师、手艺师等各领域专业人士和对唐文化有一定造诣的留学生、学问僧。

因明州与日本、朝鲜半岛不仅地域接近，其独特的海风和洋流，尤其是每年春夏间的洋流和季候风有利船只的航行，加以明州文化昌明，积淀深厚，又地处我国海外交通要地，毗邻日本、朝鲜半岛及东南亚诸国，因此，中日之间无论是官方还是民间贸易往来，明州以它优越的地理环境成为隋唐时期海上丝绸之路上重要的中转站和日本人来中国登陆的第一站。如日本遣唐使中在唐朝留学时间最长、知名度最高的阿倍仲麻吕（汉名晁衡）便是在明州登陆，他天资聪敏、勤奋好学，到了唐后，进入国子监太学学习并考中进士，在长安与士大夫广为结交，赢得了唐朝的器重和信任。后来，因思念故乡，阿倍仲麻吕欲随遣唐使返回日本，在从明州港离开前，友人们在明州的海边为他饯行，阿倍仲麻吕留下了著名的《望乡诗》（又名《明州望月》）："远天翘首望，春日故乡情。三笠山头月，今宵海外明。"

阿倍仲麻吕画像

日本奈良樱井的阿倍仲麻吕纪念碑

西安兴庆公园内的阿倍仲麻吕纪念碑

随着海上丝绸之路的逐步繁荣，明州港在海外贸易中的地位逐步提升，明州与日本的佛教文化交流日趋繁荣，高僧一度成为往来海船上的常客。陆续来唐的日本遣唐使和遣学使从明州港登陆和离开，让明州与日本之间有了更为频繁的海上经济贸易与文化往来，由明州率先开辟"海上茶叶之路"并借此传播其所蕴含的独特文化内涵也就成为历史之必然。此时，正值唐代茶文化兴盛之时，陆羽在浙江完成了世界上第一部茶学专著《茶经》。大量的遣唐使长期停留在中国学习中国的典章制度、宗教思想等，或多或少都要接触到茶。特别是遣唐使一行的学问僧们，在杭州灵隐寺、天童寺、天台山等这些著名的茶叶产地修行，很容易受到中国茶文化的熏陶，僧侣们把饮茶吸收进修行生活和佛教清规，茶与佛教建立的必然联系，使得饮茶习俗成为日本遣唐使、留学生和僧侣神往的唐文化的一部分而被学会吸收。日僧不但学习禅法，还将禅文化实践于生活，在归国时还把他们在中国养成的饮茶习惯和在寺院里学会的茶礼带回日本，并作为严格正统的佛教清规向社会展示，在促进中日文化交流、弘扬佛法的同时传播茶文化，可以说是对中国文化的全面移植。日本学者松崎芳郎如此评价：可以认为制茶法和吃茶的风习是从中国传来的，也就是说，是和其他的文化一样，通过遣唐使中国式（唐风）的制茶法和吃茶的习惯被带到日本来的。

茶树在日本是否野生的问题众说纷纭，未有定论。日本初期的文献中有零星记录，如日本天平元年（729）二月八日，圣武天皇在宫中太极殿举行"季御读经会"，身着盛装的100名僧侣进行了"施茶"仪式；日本古籍《古事记》有高僧行基兴建寺院并在寺院种茶的内容，但茶种来源不详。唐代高僧鉴真大师（688—763）于天宝十二年（753）东渡日本，带去大量佛典、佛具、瓷器、香料等物品，但典籍中未发现提及带去茶叶。

关于日本茶种的由来和饮茶文化的肇始，大多认为是随初期日本的入唐僧东渡扶桑的，在中日茶文化交流史上最著名的使者永忠、最澄、空海三位高僧在回国时不但带回茶籽、茶叶、茶典，还将饮茶方法和禅茶文化带回日本，他们均是从明州回国的，开创日本饮茶的先河。

（一）永忠（743—816）

永忠出生于山城国（日本古代的令制国之一，今京都府南部），幼年时期出家在奈良学习经律论。于770年随日本遣唐使来中国，在唐代长安的西明寺学习三宗论。西明寺可以算是当时日本留学僧的接待站和中转站，该寺也像当时的其他寺院一样热衷于饮茶活动，1985年西安白庙村出土的唐代西明寺茶碾不仅是唐代饼茶饮用方式最早发现的物证，也是这一史实最好的说明。西明寺茶碾为青石材质，有两层底座，主体呈长方体，中间有凹槽。发现时仅存一部分，这部分凹槽两边各刻有三个字，一边是"西明寺"，另一边是"石茶碾"，直接证明器物为西明寺所有。

西明寺石茶碾复原图

永忠在唐朝生活了30多年，他在长安期间，陆羽完成世界上首部茶学专著《茶经》。当时的长安正是茶文化圈的中心所在，长期在西明寺耳濡目染，使永忠养成了喝茶的习惯，进而习得茶叶的种植与烹饮之道。805年，年过花甲的永忠从明州回国，受到天皇的重用而住持崇福寺和梵释寺，他将中国的饮茶之道带回日本。

据日本文献记载，弘仁六年（815）4月22日，嵯峨天皇在出行近江（今滋贺县）经过崇福寺时，身居大僧都的永忠法师亲自按照唐代饮茶的程式烹茶接待嵯峨天皇。《日本后纪》记载：癸亥，幸近江国滋贺韩崎，便过崇福寺。大僧都永忠、护命法师等率众僧奉迎于门外。皇帝降舆，升堂礼佛。更过梵释寺，停舆赋诗。皇太弟及群臣奉和者众。大僧都永忠手自煎茶奉御，施御被，即御船泛湖，国寺奏风俗歌舞。嵯峨天皇饮后大加赞赏，并赐以御冠。6月，嵯峨天皇令首都地区及近江、丹波、播磨各地种植茶叶，每年供奉朝廷。

嵯峨天皇画像

"永忠献茶"是日本对茶事最早的记录。815年夏天，嵯峨天皇写下的《夏日左大将军藤原冬嗣闲居院》诗有云："吟诗不厌捣香茗，乘兴偏宜听雅弹。"当时，另一部敕撰汉诗文集《文华秀丽集》收录的皇太弟所作《夏日左大将军藤原朝臣闲院纳凉探得闲字应制》一首，诗中也有句云："避暑追风长松下，提琴捣茗老梧间。"说明饮茶已成为日本上流社会高雅的精神享受，在嵯峨天皇的影响下唐文化在日本盛行，形成了日本茶文化的发展黄金时代，史称"弘仁茶风"。

（二）最澄（767—822）

最澄出生于近江国（日本古代的令制国之一，今滋贺县），俗姓三津首，幼名广野，是日本天台宗的鼻祖，谥号传教大师。小时受家族笃信佛教的影响，广野12岁时到近江国分寺学习，剃度后得法名"最澄"。后赴奈良，在鉴真大和尚弘法的东大寺受戒正式出家。受戒后回到京都比睿山结庵修行，诵《法华经》《般若经》等大乘经典，研修佛法。在研读鉴真和尚从天台山国清寺带去的智者大师所著的《摩诃止观》《法华玄义》《法华文句》等天台宗典籍的过程中萌发了对天台宗的极大兴趣。随着研究与修持的进一步深入，最澄越来越觉得天台宗的博大精深，对研习和修持天台宗的兴趣愈加浓厚，到天台山直接向高僧请教深入研修天台宗的愿望就愈加强烈。

为彻底究明宗义，802年他上表桓武天皇，提出想到天台宗的发源地天台山求法，天皇允准了他的请求。桓武天皇延历廿二年（唐贞元十九年，803），最澄和随从翻译僧义真等跟随遣唐使的船舶出发准备前往中国，可惜天公不作美，最澄等人所乘坐的船舶出发以后，海上风急浪高，航船无法前行，不得不返回日本。但最澄并没有因此而放弃来天台山求法的念头，次年（804）7月，最澄再次和义真、从者丹福成等从筑紫（今福冈）搭上船舶，随第17次遣唐使团前来唐朝，同行的另一艘船上还有欲到长安求法的弘法大师空海。8月底，最澄等人抵达明州。

最澄由明州上岸后，得知天台山即在明州附近的台州境内时，便迫不及待地提出想前往天台山求法巡礼的请求。明州书史孙阶热情地接待了他，并为他开了通往台州的文牒——明州牒。在明州牒的帮助下，最澄于9月中旬经台州到达天台国清寺，在龙兴寺向道邃禅师学习天台教旨，在天台山佛陇寺向行满禅师学习天台宗教相，向惟象禅师学习《大佛顶大契曙茶罗》法事。在天台山期间，最澄一边学习天台教义，一边雇经生（古代的职业抄经人）抄写经书200多部。

805年春，最澄辞别天台，欲学成归国。临行前，台州刺史陆淳与司马吴顗、录事参军孟光、临海县令毛焕、天台山智者塔院座主行满法师等人设茶宴为最澄送行，吴顗主持并为此茶会撰写了序文《送最澄上人还日本国序》，参加饯行茶诗会的其他人为最澄共撰写了9首送别诗。吴顗在《送最澄上人还日本国序》中说：三月初吉，遐方景浓，酌新茗以践行，对春风以送远。上人还国谒奏，知我唐圣君之御宇也。农历三月正是天台山采新茶的时节，用新茶为客人饯行既是风雅，也反映了茶会在唐代的文人和僧侣中的普及。《送最澄上人还日本国序》现收录于日本《传教大师全集》。

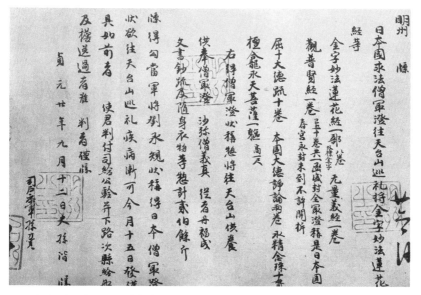

唐贞元廿年，明州书史孙阶为最澄签发的渡牒，称为"明州牒"

最澄从天台山出发准备经明州回国时，台州刺史陆淳也给他开具了文牒，以取得沿途的验证方便与受到关照。805年5月18日，最澄从明州搭乘遣唐船回国，向天皇上表复命。他将带回的经书章疏230多部共460余卷，以及《金字妙法莲华经》《金字金刚经》和图像、法器等一并献给天皇。回国后，最澄在天皇的支持下继续在琵琶湖边的比睿山兴建寺庙，传播弘扬天台宗佛法，尊道邃为祖师，成为日本天台宗的创始人，他的著名弟子包括义真、光定、圆澄、圆仁等。

最澄在天台山带回佛教经文的同时，还将从国清寺带去的茶籽播种在日本近江比睿山东麓日吉神社的旁边，后人称之为"日吉茶园"，据说这是日本最古老的茶园。此举，是中国茶及茶种从海路向外传播的最早见证。

木质日吉茶园指示牌

在日本，最早记载最澄植茶事迹的，是成书于1575—1577年的《日吉神社神道秘密记》，其中写到：（当地）有茶树，数量众多。有石像佛体，传教大师所建立。茶实（即茶籽）乃大师从大唐大师求持，有御钣朝植此处，此后广植于山城国（即京都）、宇治郡、栂尾各所，云云。卯月祭礼，末日神幸大政所、二宫、八王子、十禅师、三宫，调茶进之。社务当参之，使人祝之，以为净水。此茶园之后有大寺。此文明确记载日吉神社为最澄植茶的原址。在比睿山日吉神社旁立于日本大正十年（1921）的《日吉茶园之碑》也写到：相传传教大师入唐之日，获天台茶子，将来种睿麓，日吉茶园即是也。

比睿山日吉神社旁立于日本大正十年（1921）的"日吉茶园之碑"

　　作为禅茶东传的开创者，最澄对中日茶文化交流的贡献不仅在于将中国的茶籽带回日本，更重要的是在于他将饮茶文化也同时带回了日本，并广为宣扬。嵯峨天皇曾作《答澄公奉献诗》（又称《和澄上人韵》）赞美最澄——

　　　　远传南岳教，夏久老天台。杖锡凌溟海，蹑虚历蓬莱。
　　　　朝家无英俊，法侣隐贤才。形体风尘隔，威仪律范开。
　　　　袒臂临江上，洗足踏岩隈。梵语飞经阁，钟声听香台。
　　　　径行人事少，宴坐岁华催。羽客亲讲席，山精供茶杯。
　　　　深房春不暖，花雨自然来。赖有护持力，定知绝轮回。

　　诗歌赞颂最澄不畏艰险、漂洋过海到中国天台山等地学佛传教，为日本佛教事业作出了卓越贡献，向往最澄等高僧、羽客、隐士、仙人们世外桃源般的神仙生活。其中"羽客亲讲席，山精供茶杯"记载最澄为天皇说法、供茶的事。可见，在传播中国佛教文化和茶文化的过程中，最澄借助他作为日本天台宗创始人的影响力，将饮茶作为一种雅事带入了日本的寺院和上流社会，得到了当时日本最高统治者嵯峨天皇的大力支持。

弘仁十三年（822），最澄去世，嵯峨天皇赐予比睿山寺以"延历寺"之号，自此比睿山上的佛堂庙宇升级为官寺。最澄死后45年，清和天皇赐给他"传教大师"谥号。

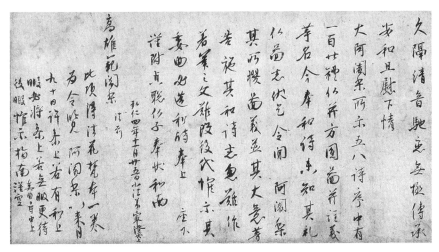

最澄信札"久隔帖"[这是现存最澄唯一的亲笔信，收信人是其在京都高雄山寺空海（弘法大师）手下修行的爱徒泰范，因开头语为"久隔清音"（很久没有通信），故被称为"久隔帖"。藏于奈良国立博物馆]

（三）空海（774—835）

空海，俗姓佐伯氏，出生于赞岐国（日本古代的令制国之一，今香川县）多度郡屏风浦，幼名真鱼。他是日本佛教真言宗的开山鼻祖，谥号弘法大师，与最澄一起来到中国留学，两人被誉为日本平安时代新佛教的双璧。

804年7月，空海作为留学僧离开日本前往大唐，不料所乘坐的遣唐船却没能如愿到达目的地明州港，而是在海上漂流到了如今福建赤岸镇一带的海岸。从福建登陆后，空海先到洛阳白马寺参访学习，又辗转来到长安，拜访青龙寺惠果法师学习真言密教。惠果法师圆寂后，空海四处交流参学。806年3月，他离开长安，在绍兴逗留数月后转道明州。8月，空海从明州乘船回国，离开时除携带大量密宗经典和儒、道、医学等书籍外，还带了大量天台山的茶籽。10月，空海到达日本九州岛，比最澄晚1年零4个月回到日本。空海将带回的茶籽播种于京都佛隆寺等地，并由此发展为日本太和茶的发祥地。至今，在佛隆寺前还竖有"太和茶发祥承传地碑"。空海还把天台山的制茶工具"石臼"带回日本仿制，《弘法大师年谱》记载"806年从中国带来茶种、石碾"，将中国的蒸、捣、焙、烘等制茶技艺也传入日本。至今，在空海曾任住持的奈良宇陀郡的佛隆寺里，仍保存着由空海带回的唐代碾茶用的石碾和茶园。

永忠、最澄和空海3位高僧除了将密教典籍带回日本之外，均带回了中国的茶籽、茶饼、茶具，对促进饮茶习俗在日本上层社会的流行起到了巨大的推动作用。815年，空海上奏《空海奉献表》，内有"观练余暇，时学印度之文，茶汤坐来，乍阅振旦之书"之句。嵯峨天皇经常与空海、最澄等人一起饮茶，留下了许多诗歌对答，如《与海公饮茶送归山》《答澄公奉献诗》等。我们可以从弘仁时代饮茶方式对陆羽煎茶法的模仿，以及这些诗歌对答与中国茶诗词语的雷同推断，《茶经》与唐朝流行的饮茶诗也由最澄、空海等人一并带回日本。

最澄、空海等推广的饮茶习俗，由于天皇的推动在贵族间流行，成为他们崇拜唐朝文化的一种表现形式而被学习和模仿，这一时期日本茶文化迎来了史称"弘仁茶风"的鼎盛时代。但囿于有限的产量，茶叶主要依赖从中国进口，很难在普通民众中广泛传播开来，饮茶之风在日本上层社会一度兴盛之后逐渐衰退。至公元9世纪末，中国国势渐衰，农民起义不断，唐王朝摇摇欲坠，包括日本在内的东亚诸国对与中国文化交流的热情渐减。宽平六年（894），日本宇多天皇中止向中国派送遣唐使和遣唐僧，因从中国带回的茶叶骤减，饮茶习俗也日

渐式微。日本本土"国风文化"兴起并繁盛，中日茶文化交流也进入
了三百年的沉寂期。

空海《风信贴》第一通（《风信帖》全名弘法大师笔尺牍三通，是空海与最
澄之间的三篇尺牍书信的合称，是空海书法最著名的代表作）

空海《三十帖册子》（京都仁和寺藏。《三十帖册子》是空海对从唐请来的金
刚、胎藏两部经论所作的研究笔记，全部三十帖装帧成一册，故而得名）

三、两宋时期茶文化东传主通道

唐末安史之乱和黄巢起义后，各地藩镇割据，民生凋敝、经济遭受严重破坏，在周围邻国中逐渐丧失政治威望，北宋王朝成立后虽重建业已衰微的文化，社会整体仍处于缓慢复兴阶段。加之此时，日本在对外关系方面推行消极保守的政策，在官方层面限制与北宋的往来，并禁止本国人私自到海外。特别是在崇尚唐文化的嵯峨天皇去世后，日本的唐文化热已逐渐降温。"学问之神"菅原道真向宇多天皇谏阻，遣唐使制度也被正式废止。在停止大规模吸收海外文化后，日本国内的改革基本完成，本土的传统文化有了发展，"国风文化"形成。虽然特殊的历史条件和文化背景使得日宋两国的经贸和文化交流停滞，中日之间的佛教文化交流断断续续，成算、寂照、念救、绍良等20多位日本僧人也曾先后随宋商船从明州登陆，并在杭州、明州等地修佛求法，但此间两国饮茶文化的交流在广度和深度上没有太多进展。

南宋凭借半壁江山殷富更甚于前，偏安一隅的政策促进了城市的发展，相对开明的朝政带来了经济、文化等各方面的复兴，朝廷实行开放的对外政策，鼓励商人进行对外贸易，重视与邻邦的交往与交流，海外贸易重新发展隆盛。而随着同一时期日本国内武士阶层的兴起，他们逐步在社会政治、经济领域占据支配地位，海禁政策被废除，中日两国商船往来前所未有地频繁，大量日本僧侣前来访学，掀起了两国文化交流史上的第二次热潮。据日本《云游的足迹》记载，仅南宋至明代，日本来华求法的僧人就有443人，中国从明州赴日传经布道的高僧则有27人。这些搭乘商船往来于两国之间的僧侣成为文化交流的主要担当者，以僧人为代表的佛教交流成为中日文化交流的主要内容，从而促进了茶文化的进一步繁荣与兴盛。

当时的浙江是海外贸易最发达的地区之一，中日两国佛教交流也主要集中在江南一带，但直至南宋中叶，甚至径山寺鼎盛的大慧宗杲时期，径山寺都不是入宋僧的主要目的地，距离登陆港口庆元府（明州）较近的天童禅寺、阿育王寺等古刹成为日僧向往的地方。彼时社会繁荣，让地处京畿之地的明州得以稳定发展，天童禅寺自义兴祖师开山以来，经历代相承，终于成为巍巍卓立、雄尊秀蔚、千楹万础、规模宏大的禅宗十方丛林，精英辈出，声名远播，前来朝拜的人络绎不绝。因此，日本前来进行文化交流的遣宋使、遣宋僧大多经明州港入宋，不少日本僧人在明州天童禅寺、雪窦寺和阿育王寺访学，归国后相继开宗立派，成为日本各宗派的始祖，他们将在宋朝学习到的饮茶文化和制茶技艺带回国，开启了中国茶文化的再次传播东瀛之路，从而在日本掀起了茶文化的第二次高峰。这一时期，在中日茶文化发展史上影响深远的明庵荣西、希玄道元、圆尔辨圆和南浦绍明都有与明州的不解之缘。

（一）明庵荣西（1141—1215）

荣西，日本临济宗的创始人，俗姓贺阳，字明庵，号叶上房，被南宋孝宗皇帝赐予千光大法师称号。为了深入学习佛教，荣西曾两度入宋求法，在浙江参禅问道礼茶，是日本人学习中国禅宗的先驱，对宋朝禅宗东渐并改变日本平安晚期由天台、真言以及南都六宗为代表的旧佛教掌控日本思想界起到了极大的推动作用。

荣西出生于备中国（日本古代的令制国之一，今冈山县）的一个神官家庭。自幼聪颖过人，过目成诵。8岁就在园城寺学习佛法，11岁

荣西画像

拜安养寺静心为师，14岁上比睿山登坛受戒，正式出家为僧，法名荣西。1162年他又去伯耆国（今岛取县）大山寺向基好法师学习天台宗密教，成为继慈觉大师圆仁后的第11代法嗣。由于博采众长，荣西成了当时在佛学修养上出类拔萃的人物。

日本仁安三年（南宋乾道四年，1168）4月3日，荣西从九州博多港搭乘中国赴日贸易船首次入宋，于4月20日到达明州港。从明州登陆后在四明山遇到入宋僧重源（1121—1206），两人"相视互流泪"，并相约同赴天台山。5月，荣西抵达天台山后，"游台山万年寺，礼石桥罗汉，瀹茶现花，又现二青龙"。荣西在万年寺修持天台密教，6月即回明州，参拜阿育王寺佛舍利塔，"瞻礼佛舍利，光明映发"（荣西《兴禅护国论》），使荣西进一步感受到了中国佛教的宏大。在明州的清凉广慧禅寺，荣西从寺内知客那儿了解到禅学要义后，便萌生同日本旧佛教决裂，改修禅宗的意向。同年9月，荣西与重源同船回国，带回天台宗新章疏30部60多卷。荣西此次来宋，原本为求天台宗教义，但也触及南宋时蓬勃发展的南禅宗，这为荣西日后研究禅宗、明察禅理、追究禅源留下了奠基。

南宋淳熙十四年（1187）4月19日，荣西从日本今津乘船出发，于当月25日经明州港抵达南宋京城临安。他本欲取道丝绸之路，前往天竺（印度）巡礼求法，遂在临安等待朝廷的西行许可。但由于当时西北地区为北番所控，战乱频发，朝廷没有下达前往天竺的许可。西行之路被北方藩王阻断，无奈之下，荣西只好乘船返日，但海上遭遇风浪，船只又折回了温州府瑞安。于是，荣西由瑞安北上，再登天台山万年寺，师从临济宗黄龙派八世法孙虚庵怀敞参禅。淳熙十六年（1189）末，随虚庵怀敞移锡明州太白山天童景德寺，拜在虚庵怀敞禅师座下，潜心学习佛法5年。

荣西在华时期，正值南宋经济以杭州为中心向南发展时期，江南茶风尤盛，他学佛的天台山万年寺是著名佛茶天台云雾茶产地。唐宋以来，修持于天台山诸寺庙的僧人遵循智者大师"以茶参禅""以茶供佛"的法海，寺庙周边必种茶树，开辟茶园，并设"茶头"专管茶事，设"茶堂"专供招待客人喝茶。种茶、制茶、饮茶、以茶待客已是当时天台山诸寺庙不可缺少的茶事活动，"以茶供佛"更是寺僧每日必做的功课。在习禅礼佛之余，荣西深入天台山万年寺万年山、石梁一带茶区，了解种茶、制茶技术和泡茶方法、茶道文化及其功效，学习制茶技术和饮茶之道。其间，他还应宋孝宗的诏请，赴径山禅寺主持过盛大的茶礼，为国祈福，为民消灾，开创中日禅茶交流之先河。对此，"当代茶圣"吴觉农先生在其主编的《茶经述评》中写道："后来宋代不少敕建的禅寺，在遇到进行有钦赐'丈衣'（袈裟）、'锡杖'之类的庆典，或特大祈祷时，往往就用盛大茶礼以示庆贺。当日本国高僧荣西在天台山万年寺时，曾被宋帝诏请到京师（今杭州）作'除灾和求雨祈祷、显验'，并命在敕建的径山寺举行盛大的茶礼，以示嘉赏。"

绍熙二年（1191）7月，荣西领得法衣和祖印，从明州港乘坐宋商杨三纲的商船返回日本九州平户港。他把从明州带回的茶种，陆续播撒在平户富春园、肥前（今佐贺）背振山灵仙寺、博多（今福冈）安国山等地。在明州天童寺修禅时，荣西曾约定为重修天童寺千佛阁提供优质木料。回国后，他如约从日本将木材运至天童寺，使天童寺千佛阁得以重修，在中日交流史上留下"航木为助"的佳话。

荣西从中国带回茶种的故事，在1420年的宣守《海人藻芥》中已有提及，在江户时代的文献中比较多见。例如本草学家、儒学家贝原益轩（1630—1714）所著的《筑前国续风土记》中有云："建仁寺开山千光国师入宋，归朝时持来大宋国之茶实，植是于筑前国背振，号'岩上茶'。……千光归朝时，持来茶实，栽于早良郡背振山并博多圣福寺之内。"文中的"茶实"就是"茶籽"。

1207年前后，荣西在京都栂尾山高山寺会见住持明惠上人（1173—1232），向明惠上人讲解饮茶对养生的好处，对此，《栂尾明惠上人传》有载："（明惠）被建仁寺长老荐茶，问之于医。医曰：'茶者，有遣困、消食、令心佳之德，然本朝（尚）不普（遍）。'四方寻（访）奔走，得二三本栽之。诚有觉睡之验，甚令众僧服，有赏玩。"意思是说，建仁寺长老荣西向明惠上人推荐饮茶，明惠就茶的功效请教医生，医生告诉他说，茶有驱睡、消食和平心静气的功效，只不过日本尚不普遍。于是，明惠到处奔走，寻找茶树，最终找到三株加以种植。饮用后确实有驱睡的功效，便开始让众僧饮茶，明惠自己也喜欢玩赏点茶技艺。《栂尾明惠上人传》还说："或人语传云，（明惠）被建仁寺僧正御房进自唐持渡之茶实，植育之。"

据说，荣西把从中国带回来的茶籽放在名曰"柿蒂茶入"的黑釉陶罐中送给明惠，明惠把它们播种在清泷川对岸的深濑三本木，成功之后将树苗移植到醍醐、宇治地区。从此，天台山茶种在日本很快繁衍开来，高山寺作为茶的发源地也闻名于世。

因栂尾山所产之茶滋味纯正，高香扑鼻，为与其他地方所产的茶相区别，被日本南北朝至室町时代初期的斗茶者们称之为"本茶"，以区别于其他地方所产的"非茶"。如今在高山寺，还可以看到竖立在路旁的"茶山栂尾"的石碑和尾山上的一片茶园。茶园前的小石碑上镌有"日本最古之茶园"的字样。那个曾经装有荣西赠送的5颗茶籽的黑釉陶罐也珍藏在高山寺。

明惠上人坐像

荣西木像

"日本最古之茶园"碑

高山寺内的遗香庵茶室

与此同时，荣西还积极宣传饮茶养生之道，推广普及饮茶之法，在荣西的出生地冈山县贺阳郡民间还流传着荣西倡导饮茶的传说。据说，荣西从中国留学回来后，曾回家乡省亲。荣西在家乡受到当地僧侣和村民的欢迎和款待。荣西拿出从中国带回来的茶叶、茶具，点了抹茶给大家喝，并详细介绍了茶的功效和中国的饮茶风俗。在荣西的倡导下，人们开始种茶、饮茶，并在集市上为赶集的人提供免费的茶水。久而久之，人们就把那个集市称为"茶煎夕市"。

1211年，荣西撰写了一本有关茶的小册子《吃茶养生记》。传世的《吃茶养生记》有两个文本，其一的卷头自序署时为"承元五年辛未（1211）"，另一文本的卷头自序署时为"建保二年（1214）"。因而通常称前者为初本，后者为修订本，两种文本的内容有些小差异，主体内容基本相同。《吃茶养生记》分为上下两卷，上卷称"五脏和合门"，主要论述茶的药物性能，宣扬茶的药用保健作用。从五脏调和的生理角度展开，分"茶名字""茶树形、花叶形""茶功能""采茶时节""采茶样""调茶样"6章内容介绍历史上茶的各种称呼、植物形态、药理功能、采制时节、采制天气和制茶方法，赞叹了茶是一种圣洁高贵之物，它可上通神灵、诸天之境，下救为饮食所侵的人们，是"调心脏，愈万病"的良药——"茶也，养生之仙药也，延龄之妙术也。山谷生之，其地神灵也。人伦采之，其人长命也。天竺、唐土同贵重之，我朝日本曾嗜爱矣。古今奇特仙药也，不可不采乎。"下卷称"遣除鬼魅门"，主要论述桑叶的功效，以驱除外部入侵病因的病理学观点为立论之本，罗列饮水病，中风、手足不从心病，不食病，疮病，脚气病五种病相。书里提到了桑、沉香、青木香、丁香等中药材的效用，还介绍了10种桑方以及服用方法，最后是吃茶法。

十分难得的是，荣西在《吃茶养生记》"卷之下·服五香煎法"中还有关于他从天台山到明州途中，因天气炎热险些中暑，幸亏旅店店主煎茶解暑的记录——"荣西昔在唐时，从天台山到明州，时六月十日也，天极热，人皆气厥。于时店主丁子一升，水一升半许，久煎二合许，与荣西令服之。而言：法师远涉路来，汗多流，恐发病软，仍令服之也云云。其后身凉清洁，心地弥快矣。"

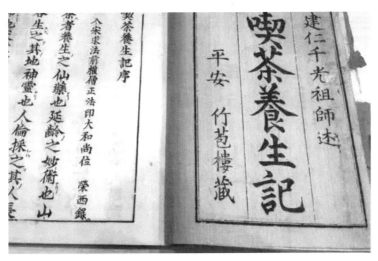

《吃茶养生记》书影

据《吾妻镜》记载，建保二年（1214）2月，镰仓幕府将军源实朝因过食而患病，为加持祈祷而参候在镰仓将军家的荣西献茶一碗，治愈了将军的疾病，同时献上《吃茶养生记》一书，自此，源实朝将军成了饮茶和宣传茶叶的忠实信徒，从而《吃茶养生记》在日本广泛流传。

《吃茶养生记》融汇了荣西从中国带回的更新、更具精确知识体系的饮茶文化精髓，使日本饮茶走出皇宫、寺院，普及到禅寺以外，为日本推广饮茶习俗以及推动茶叶生产的发展起到了积极的作用，为300年后的日本茶道文化的诞生占得先机，成为记述日本茶道发展、形成过程中的一座里程碑。建保三年（南宋嘉定八年，1215），荣西在京都建仁寺圆寂，享年75岁。

荣西禅师一生都致力佛教文化的传承，所倡导的吃茶养生和兴禅护国的思想受到了日本民众广泛认可，他还留有不少著作，其中《兴禅护国论》《吃茶养生记》《出家大纲》等对后世影响至伟。荣西禅师因对日本茶文化事业作出的卓越贡献而被誉为"日本茶祖"。日本茶学专家大江静代评论

古田绍钦《荣西·吃茶养生记》

1991年，日本发行的《日本茶800年纪念》邮票（图案为茶树花、茶壶、茶杯、茶筅）

说："荣西禅师把禅和茶从中国带来以后，在日本也构筑起了'茶禅一味'的精神世界，之后的村田珠光、武野绍鸥、千利休等人则渐渐地在这种精神世界的基础上形成了代表日本文化的茶道。"1991年，日本以荣西回日本的1191年为茶文化起点，发行《日本茶800年纪念》邮票。

（二）希玄道元（1200—1253）

道元，也名道玄、希玄，号佛法房，京都人，是日本曹洞宗的鼻祖，谥号承阳大师。据说，道元为内大臣村上源氏久我通亲之子，是村上天皇第九代后裔。

道元自幼接受汉学教育。8岁时，因丧母，深感人生无常，遂萌发了出家之志。建历三年为日本建保元年（1213），道元14岁，礼请天台座主公圆僧正为之披剃，并登坛受菩萨戒，正式成为僧人。自此"习天台之宗风，兼南天之密教，大小义理，显密之奥旨，无不习学"。他幼时在比睿山学习，建保二年（1214）后转入京都建仁寺，参叩从宋而归弘传临济宗的荣西门下。翌年荣西迁化，道元便在荣西之弟子明全禅师（1184—1225）门下参禅，时间达9年之久。

南宋嘉定十六年（1223），道元与明全禅师一起入宋求法，他们从博多港出发乘船入宋，同年4月到达明州。在明州分别师从天童寺无际禅师（1149—1224）和如净禅师（1162—1228）学习佛法、修习茶礼，先后求法于明州天童寺、阿育王寺和天台山万年寺。宝庆元年（1225），道元还到径山拜谒当时的住持浙翁如琰禅师，如琰禅师在径山寺为道元设"茶宴"，品茗论禅款待。

禅院茶宴，又称"茶礼""茶汤会"，可因时、因事、因人、因客而设席开宴，举办的地点、人数多少、大小规模各不相同。径山寺的茶宴一般在明月堂举办，并且形成了一整套完善严密的礼仪程式，是佛教禅宗修行戒律、僧堂仪轨、儒家礼法、茶艺技法和器具制造等的完美结合，因这样的禅院茶会纳入径山寺禅院清规和僧堂生活之中，是每个禅僧日常修持的必修课和基本功，僧众们已习以为常，在当时并未引起特别的关注。

"径山茶宴"申报国家级非遗项目演示

南宋宝庆三年（1227）春，道元向如净禅师辞行归国，如净把芙蓉道楷的法衣、洞山良价的《宝镜三味》《五味显诀》以及自赞顶相（肖像）赠予道元。道元是第一个将曹洞宗传回日本的僧人，并在日本建立道场加以弘扬，开创了日本曹洞宗。1228年，道元禅师在京都建仁寺住了3年，在这期间写了《普劝坐禅仪》，把如净传授的"默照禅"要旨作了言简意赅的论述，奠定了道元日本曹洞宗禅法的理论基础。

如净禅师画像

3年后，道元移居京都南部的深草安养院。1232年创建兴圣寺，上堂说法招收门徒。宽元二年（1244），道元离开京都，在福井越前（今福井县）创建大佛寺，后将大佛寺更名为永平寺。道元在永平寺前后传法有10多年，吸纳门人甚众，大振曹洞宗风，成为日本曹洞宗的传法中心。

宋代是天台山历史上茶与茶文化发展的一个重要时期，禅茶文化为其主要特征，石梁"罗汉供茶"便是典型代表。所谓"罗汉供茶"，就是在天台山方广寺旁，有天然的石头呈现出桥的模样，桥下还有瀑布飞出。寺院在这里供奉五百罗汉铜像，并开设规模宏大的斋会。据说在五百罗汉前供奉点茶，茶盏中会出现奇瑞图案。实际上，石梁"罗汉供茶"是寺院僧人把以茶供佛与宋代流行的"点茶法"的巧妙结合。高僧成寻在《参天台五台山记》中记载了天台山罗汉供茶的胜景："参石桥，以茶供养罗汉五百十六杯，以铃杵真言供养，知事僧惊来告：茶八叶莲华纹，五百余杯有花纹。"在五百罗汉和十六罗汉前，一个接一个地奉上点茶。在茶水的表面，会出现八瓣莲花状的灵瑞茶花，而莲花恰好是天台山的象征，因此"现瑞华"被认为是吉祥的象征。

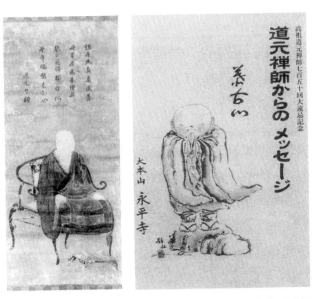

日本曹洞宗创始人道元画像与道元逝世750周年纪念封面

道元回国后，还将"罗汉供茶"仪式移植到日本。日本宝治三年（1249）正月一日，道元在永平寺以茶供奉十六罗汉，茶杯中均现瑞华，举国轰动、名噪一时。为此，道元亲撰《罗汉供养式文》，文中写道："现瑞华之例仅大宋国台州天台山石梁而已，本山未尝听说。今日本山数现瑞华，实是大吉祥也。"经成寻、葛闳、道元等人的宣扬，朝野上下，一片轰动，石梁"罗汉供茶"名扬日本国内外。

　　作为五山十刹之一的天童寺，乃是当时中国最有代表的禅宗道场，其修行生活自然是依照当时禅林的中心规范《禅院清规》。道元归国后在开创日本曹洞宗的同时，还将其在天童寺当时所遵循的宋朝禅林规矩、僧堂生活行为准则等移植到日本，以《百丈清规》《禅院清规》等为范本，编撰了日本最早的茶规《永平清规》，制定了有关饮茶、献茶时的规则，作为僧侣日常修行的规范制度，从而把南宋佛教禅茶进一步推广到日本。

　　《永平清规》的制定和实施，不仅为曹洞宗在日本的发展奠定了牢固的基础，同时也使日本禅宗更趋同于宋地禅林寺院的方向发展，并且日趋完善与规范，因此也被视为日本茶礼的基础。此外，道元还留有日本佛教史上第一部用日文撰写的思想专著《正法眼藏》，书中对禅宗的一些重要概念作了不少创造性的阐释，在日本佛教史上占有重要地位，这是道元对日本佛教文化的又一贡献。道元圆寂后，日本孝明天皇赐他"佛法传东国师"谥号，日本明治天皇赐他"承阳大师"谥号。

　　为纪念道元禅师与明州天童寺的这段因缘，1980年11月17日，日本曹洞宗在宁波天童寺内设了了"日本道元禅师得法灵迹碑"。碑高1.5米，宽2.5米，重10吨。该碑正面由赵朴初居士题碑额并作碑颂，上书："日本道元禅师得法灵迹碑。公元一千九百八十年吉日，日本曹洞宗管长大本山永平寺贯首比丘秦慧玉率众朝礼天童山祖庭，树碑以表彰遗德。赵朴初题颂曰：卓卓禅师，法海神龙。早参尊宿，禅教兼通。梯航入宋，访道天童。身心脱落，得法长翁。传衣太白，建刹伞松。正法眼藏，演义开宗。七百年后，德泽弥隆。云仍联袂，来礼遗踪。立碑献颂，永仰高风。"碑阴是日本曹洞宗管长、大本山永平寺七十六世贯首秦慧玉长老所撰碑铭，记述了道元禅师在天童禅寺参学求法之因缘和经过。

日本道元禅师得法灵迹碑

宁波江厦公园内设立的"日本道元禅师入宋纪念碑"

2003年，宁波市又在原明州古码头（今宁波江厦公园内）设立了"日本道元禅师入宋纪念碑"。

（三）圆尔辨圆（1202—1280）

圆尔辨圆，出生于骏河国（日本古代令制国之一，今静冈县），幼年即学习天台宗，出家后在京都习经教，并接触到最初由中国传入的禅法，还接受了密宗的灌顶。

无准师范自赞顶相

无准师范《圆尔印可状》（局部）

宋端平二年（1235），圆尔辨圆西渡来到明州，后在临安（今杭州）巡礼求法长达6年。在开始的近两年间，他在天竺寺等寺院修戒律、学禅法。宋嘉熙元年（1237）开始，拜径山寺第34代十方住持无准师范为师，专心学习临济宗杨岐派禅法，两年后得无准的印证而被授予印可状，成为第一个真正师承径山的日僧。无准师范住持径山寺时，道声远振，号称"天下第一宗师"，向其求法者甚众。圆尔辨圆在径山寺学佛期间，在禅宗"一日不作，一日不食"的修行原则指导下，学习中国书画、烹饪技法，掌握麝香药丸、龙须面制法的同时，还潜移默化研习了禅林的"以茶悟性"，一边修研禅法、领会儒学，一边对径山寺的禅院生活文化加以学习总结，特别对农禅文化产生浓厚兴趣。径山寺提倡的"以茶悟性"，以及径山寺自成一体的茶宴给他留下了深刻的印象。

淳祐元年（1241），圆尔辨圆辞别无准，重返阔别已久的故乡，返回时无准师范还赠予圆尔辨圆一部由宋代高僧奎堂所著的《大明录》。圆尔辨圆归国时从南宋带回了内外典籍千余卷和"大宋诸山伽蓝及器具之图"，其中有宋代寺庙的《禅苑清规》，他同时将径山寺的种茶、采茶、制茶之技，以及点茶、饮茶、茶礼之道带回日本，从而开启了日本茶道之风。归国后，圆尔辨圆在日本建立了崇福寺、承天寺和东福寺三座大寺，继荣西之后进一步促进了临济宗在日本的确立，并以东福寺为中心进一步弘扬禅法，东福寺因此成为日本临济宗的大本营，并以《禅苑清规》为蓝本制订了《东福寺清规》。

"圣一国师"圆尔辨圆画像

1245年，他应诏为嵯峨天皇进献和宣讲《宗镜录》，后来嵯峨天皇、龟山天皇、深草天皇还分别随他受戒。1257年，他为当时幕府实权派人物北条时赖讲授《大明录》，展示了他在佛法、汉学等方面的才能，获得非同凡响的效果，圆寂后赐谥"圣一国师"。据日本《物产篇》一书记载，圆尔辨圆还把从径山带回日本的茶籽播种在他的故乡静冈县安培郡，后又依照径山碾茶制作方法，生产出日本的"碾茶"，使静冈茶叶生产进一步扩展开来。

（四）南浦绍明（1235—1308）

南浦绍明，俗姓藤原氏，生于骏河国（今静冈县），著有《大应国师语录》三卷，谥号"圆通大应国师""大应国师"。南浦绍明幼年出家于本郡的建穗寺，15岁师从镰仓建长寺兰溪道隆门下。南浦绍明于南宋开庆元年（1259）入宋求法。入宋后登访名刹，后至杭州净慈寺谒虚堂智愚（1185—1269）禅师。

虚堂智愚俗姓陈，宁波象山人。16岁出家于普明寺，依蕴禅师剃落受具戒，后游访明州雪窦寺、杭州净慈寺等，于湖州道场山护圣寺拜松源派的运庵普岩为师。绍定二年（1229）住持嘉禾兴圣寺，后又历主报恩光孝寺、显孝寺、延福寺、瑞岩寺、宝林寺、阿育王寺、柏岩寺、

虚堂智愚画像

净慈寺。南宋咸淳元年（1265）八月，虚堂奉度宗之命赴径山兴圣万寿禅寺主持法席，南浦绍明随师至径山继续学佛。虚堂给予南浦昭明的影响是全方位的，除了完整的茶礼仪规、品饮方式，最重要的还是从茶与禅的角度，帮助南浦昭明全面领会了中国茶文化茶禅一味的真谛。

咸淳三年（1267），即日本文永四年，南浦绍明辞师返回日本。归国时，带回径山寺一套茶台子和《茶道清规》《茶道经》等七部

茶典。

南浦绍明带回日本的"茶道具"就是煎汤点茶用的茶器具，如汤瓶、茶碗、茶盏、茶筅、茶则等"十二先生"，而他带回的茶台子简单地说就是一种小型的便携式的茶器架，在陆羽《茶经》中名为"具则"，似茶担子，有木质、竹制的，而日本的三谷良朴《和汉茶志》中解释台子的基本构造时说："下盘方隅设四柱而冠版为台，以黑漆涂之。"可见，所谓"台子"就是用四根柱子撑起两块木板而构成的架子，茶道界把黑漆涂的四根柱子的台子称为"真台子"，柱子用竹子做成的叫做"竹台子"，而把只用两根柱子的称之为"及台子"，上下两块木板分别称为"天板"和"地板"，是重要的茶道具之一。后世日本茶道有所谓"台子饰"茶道，便是使用这种茶道具搁架的一种茶道形式。

南浦绍明携茶台子归日之事最早见于江户中期的茶人松木球茶轩所著《贞要集》(1710) 中："台子之起，筑州崇福寺开山南浦绍明和尚入唐，归朝时携来台子一庄。由此传紫野大德寺。"稍后，江户中期儒学家谷重远的《俗说赘辨》则明确指出这台子来自径山寺。"茶式之始：筑前国崇福寺之开山南浦绍明，正元时入宋，嗣法于径山寺虚堂，文永四年归朝。其时自径山寺将来台子一庄，以为崇福寺之'什物'，是茶式之始欤。"18世纪日本江户时代中期，日本国学大师山冈俊明 (1726—1780) 在其编纂的《类聚名物考》也记载："台子：茶宴之起，正元年中 (1259)，筑前国崇福寺开山南浦绍明入唐，时宋世也。到径山寺谒虚堂，而传其法而皈，时永文四年也。绍明皈时，携来台子一具，为崇福寺重器也。后其台子赠紫野大德寺。或云，天龙寺开祖梦窗，以此台子行茶宴焉。故茶宴之始自禅家。"又说，日本"茶道之起在正元中，筑前崇福寺开山南浦绍明由宋传入"。《续视听草》和《本朝高僧传》都写道："南浦绍明由宋归国，把茶台子：茶道具一式带到崇福寺。"这些史料记载清晰地点明了日本茶道源于我国径山茶宴，成为径山茶宴是日本茶道之源的佐证。

南浦绍明手书"吃茶"

台子在日本茶道文化中不断得到发展，出现了及台子、真台子、竹台子、高丽台子等不同种类，使用台子的点茶礼法也不断洗练，台子成为规格较高的茶会中重要的道具之一。除茶台子外，据说风炉和其配套使用的煮水器具——茶釜也是由南浦绍明传入日本的，在江户后期的茶人稻垣休叟《茶道筌蹄》记载："金风炉：金风吕之始唐物，鬼面乳足，则台子风吕也。南浦绍明持渡，自崇福寺传来于大德寺，后烧失于应仁之乱。"

南浦绍明后来跟随宋僧兰溪道隆继续学习，文永七年（1270）成为福岗兴德寺住持，文永九年为横岳山崇福寺住持。住持两寺30余年，法道大振。日本嘉元二年（1304），奉诏上京奏对，为太上皇赞赏，遂敕任京都万寿寺，后在故乡创建了嘉元禅院，为开山第一始祖。南浦绍明不仅致力弘扬径山宗风，开创日本禅宗二十四流中的大应派，还广为传播径山寺的茶种和种茶技术，以及以茶供佛、待客，茶会、茶宴等饮茶习俗和仪式，积极宣传和推广饮茶之道，将"径山茶宴"发展成为体现禅道核心的修身养性之日本茶道雏形。圆寂后，天皇赐谥"圆通大应国师"。

宋元之际，除以上日本高僧路经宁波或在宁波学佛传茶，先后还有寂圆（1207—1299）、兰溪道隆（1211—1278）、无学祖元（1226—1286）、镜堂觉圆（1244—1306）、一山一宁（1284—1317）、东陵永屿（？—1365）6位天童高僧去日本弘法传茶，并带去茶叶和茶籽，为日本的饮茶、种茶的发展，以及后来的茶道、茶文化的形成打开了通道，他们的名字犹如屹立在海上茶路的一个个灯塔，在茶的传播史上留下了光辉的篇章。往来于两国间的中日僧人，不仅将禅宗思想和饮茶技艺传到日本，也带去了儒家、文学、艺术等中国唐、宋、元时代的先进文化，对日本文化产生了深远的影响。

四、宁波为禅茶东传朝鲜半岛的窗口

朝鲜半岛与中国东北的辽宁、吉林两省接壤，彼此来往较为方便，文化交流也较为频繁，自古以来就有政治、经济和文化方面的联系，在两国人民的友好交往中，凝成了深厚的友谊。特别是茶文化作为两国文化交流关系的纽带，一直起着重要作用。

朝鲜半岛受中国饮茶之风的影响较早，茶饮之风可能在魏晋南北朝时就传入了。由于早期茶的传播者主要是佛教徒，而佛教最初传入高句丽为372年，所以一般推测茶入朝鲜半岛约在4世纪以后。在6世纪和7世纪，新罗为求佛法前往中国的僧人中，载入《高僧传》的就有近30人，他们中的大部分是在中国经过10年左右的专心修学后回国传教的。他们在中国时，必然会接触到饮茶，并在回国时将茶和茶籽带回新罗。

朝鲜半岛种茶有史可稽的年代是始于唐代，据高丽金富轼的《三国史记·新罗本纪》兴德王三年（828）十二月条的记载："冬十二月，遣使入唐朝贡，文宗召对于麟德殿，宴赐有差。入唐会使大廉持茶种子来，王使植地理（亦称智异）山。茶自善德王有之，至于此盛焉。"

善德王在位时间为632—647年，即中国唐太宗贞观六年至二十一年。善德王四年，即唐贞观九年（635），唐太宗遣使持节册封其为乐浪郡王、新罗王。善德王曾派新罗子弟入唐学习，并在唐代宗征高句丽时发兵相助。"茶自善德王时有之"之句，说明茶在7世纪初，便已经在朝鲜开始传播了。另外，朝鲜李朝时代的文献《东国通鉴》也有类似的记载："新罗兴德王之时，遣唐大使金氏，蒙唐文宗赏赐茶籽，始种于金罗道之智异山。"这说明茶文化在朝鲜半岛传播了200余年后，朝鲜人已经将茶作为重要的饮品。

1962年，吉林人民出版社翻译的《朝鲜通史》中记载："唐代进行使节往来与贸易交往，从西岸穴口镇（汉江口）、唐城浦（南阳湾）等地出发，可到达中国山东半岛；从灵岩附近出发，经黑山岛到达定海县（今浙江省宁波市镇海口）登岸，再通过水路或陆路北上，直抵唐首都长安。"从上述记载表明，当时唐代与高丽相互往来，大多经由明州登陆。

新罗统一时代，是朝鲜半岛全面输入中国茶文化时期，同时也是茶文化发展时期。饮茶由上层社会、僧侣、文士向民间传播、发展，并开始种茶、制茶。在饮茶方法上仿效唐代的煎茶法。新罗时期，朝廷的宗庙祭礼和佛教仪式都使用到了茶礼。贵族及僧侣的生活中，茶已不可或缺，民间饮茶风气亦相当普遍。大批留学中国的学者在接受了儒家思想的同时，也将中国的儒家礼仪与饮茶活动结合，将茶礼深入日常生活之中。与此同时，中国佛教连同禅宗茶礼传入，形成了仪式化的韩国佛教茶礼。

923年王建建立高丽王朝。相比宋代的中日关系，宋朝与高丽之间的关系更具官方色彩，出于"联丽制辽"的需要，北宋主动修好高丽，双方使者频繁往来，两国之间也长期保持着贡赐形式的官方贸易和文化交流。佛教作为两国交流的重要内容和联系纽带，得到了北宋与高丽的大力支持，其历时悠久，内容广泛（主要以高丽僧人入宋求法为主），涉及佛教各宗。北宋政府曾两次赠送高丽僧人《开宝大藏经》以及儒家经典。据宋代《高僧传》记载，新罗时代到中国高句丽学佛求法的高僧就有近30人，大部分在中国修学后经明州港回国，不少来华的僧人还曾到明州求法天台宗。其中，影响较大的当数"宝云法师"义通和"大觉国师"义天，他们引入茶种到朝鲜半岛，对五代至北宋时期中国与高丽两国佛教的发展和茶文化的传播起到了积极的促进作用，也使得茶事活动在佛教盛兴的高丽时代发展旺盛。

义通（927—988），俗姓尹，字惟远，高丽王族出身，自小剃度佛门，于五代后汉天福末年（高丽定宗二年，947）间入华求法，入明州后先后师从天台云居德韶国师、螺溪义寂大师学习天台教义约20年。北宋乾德五年（967），义通欲从明州乘船归国，时任知明州军州事的钱惟治竭力挽留，"假道四明将登海舶，郡守太师钱惟治（忠懿王俶之子）闻师之来，加礼延屈咨问心要……钱公固留之"。义通遂留在明州住持城内宝云寺，成为中国天台宗第十六祖师，并弘扬天台宗禅茶文化20年，为北宋天台宗的复兴作出了重大贡献，圆寂后葬于阿育王寺，宋太宗赐义通法师号为"宝云"。

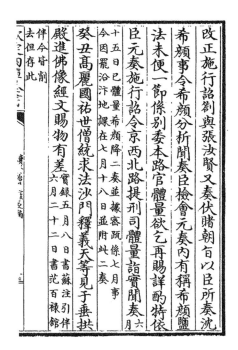

《续资治通鉴长编》中记载："高丽国佑世僧统、求法沙门释义天等见于垂拱殿，进佛像经文，赐物有差。"

义天（1055—1101），俗名王煦，本是高丽王室成员，王氏高丽文宗仁孝王第四子，11岁出家，跟随景德国师居住在灵通寺，学习华严教观，被尊为祐世僧统，号大觉国师。

大觉国师义天画像

作为高丽王室成员，义天是奉王命出家的，其特殊的身份使他的出行受到诸多限制。他对天台宗在高丽的发展不畅而痛心疾首，曾多次向高丽文宗、顺宗以及他的母后李太后表明了他想要入宋求法，希望能够学成大法，在高丽境内永播圆宗，使得高丽佛法大兴的决心，但是均未得到批准。于是，宋神宗元丰八年（1085）四月八日，义天一行人不辞而别，悄然从高丽乘船出发，于五月二日到达明州。学者陈荣富在《略论中韩佛教文化交流》中考证到："义天于元丰八年自海路入宋，至四明郡今浙江宁波上表哲宗皇帝，求华严教法……"元丰八年（1085）七月二十一日，宋哲宗皇帝接见了义天，义天表达了希望求华严教法、天台教法的愿望，随后宋廷派主客员外郎杨杰陪同。义天先后在杭州、明州等地学习佛法，施钱营斋，大量搜集经书，深受茶禅一味的影响。

元祐元年（1086），正当义天潜心求法之时，其母却因思儿心切，寝食难安而一病不起，还上表宋廷"乞令回国"。宋哲宗随后下诏准许义天回国。当年3月2日，义天携带宋哲宗赠送的高丽文宗真容、金香炉、香合等诸多礼物从汴京启程回国。4月，经秀州真如寺到达杭州慧因禅院，听净源法师讲授《华严经》大义。5月初，义天上天台山参拜天台宗祖庭，发愿"承禀教观，他日还乡，尽命传扬"。在从天台山前往明州途中，他拜访了育王广利寺的大觉怀琏，听怀琏传法并互赠饯别诗。在明州参访诸多寺院和高僧后，义天率随行僧众带着收集到的诸宗教藏和章疏3000余卷，于5月29日从定海（今宁波镇海）搭乘高丽朝贺回使船踏上回国之路。回国后，义天大力弘扬天台教观，宗风大振，编纂了《大觉国师文集》《圆宗文类》《释苑词林》《新编诸宗教藏总录》等大量佛教典籍，为佛典的收集、编纂和流通做出了巨大贡献。他还赠予杭州慧因禅院《华严经》三部170卷，并捐资建造了华严经藏经阁及菩萨像等，使慧因禅院名声大振，被誉为"华严第一道场"，慧因禅院亦因此被后人称为"慧因高丽寺"。1096年，义天结合在宋所学天台教观创立的海东天台宗，成为高丽王朝前期思潮的主流，他也被后世尊为高丽天台宗的初祖。自元丰八年四月初入宋，到元祐元年五月中旬回国，义天入宋求法达14个月，踪迹遍及北宋半壁江山，他谦虚笃学，广识博取，学有所成，归国后促进了高丽佛教的发展，对北宋佛教各宗的复兴具有十分重要的积极作用，促进了宋朝与高丽两国邦交的发展，更是掀起了两国佛教文化交流的新高潮，可谓意义深远。

历史上中国禅茶文化与朝鲜、韩国禅茶文化的交流，多由遣唐使和留学僧促进完成，在他们学成后大多由明州港回国，并结合自身发展出各具特色的禅茶文化。而不论是义天等名人还是商旅，他们从明州或天台山或径山带回茶或茶种从明州登岸回国，都促进了朝鲜半岛茶文化的发展。

到12世纪，高丽的松应寺、宝林寺等著名禅寺积极提倡饮茶，使饮茶之风很快普及到民间。北宋宣和五年（1123），使臣徐兢奉宋徽宗赵佶的命令出使高丽。当时宋廷特地在明州建造了两艘大型客船，称做"神舟"。这两艘大船到高丽后，引得当地高丽人都来观看，惊叹不已。徐兢一行完成外交使命后，循来路返航回到明州。归国后，徐兢将其见闻写成《宣和奉使高丽图经》，此书不仅生动地反映了古代中国与高丽之间的友好睦邻关系，而且翔实地记录了宋代先进的航海技术、航海路线和航海考察活动。其中，在《器皿》三"茶俎"还详细记载了高丽的茶具、茶礼、喝茶的风俗等内容，不仅反映了宋代中国与朝鲜半岛茶文化交流频繁，而且是国内现存最权威的中朝韩茶文化交流史料，有力佐证了中华茶文化对朝鲜半岛的影响。元末明初，中国盛行的叶茶冲泡法，也很快传入朝鲜。在这一时期，朝鲜开始形成具有一定规范形式的茶会制度，称之为茶礼。

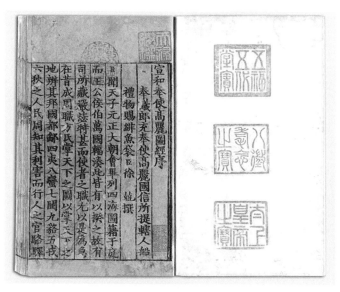

《宣和奉使高丽图经》

朝鲜半岛以李氏取代王氏的形式完成了朝代间的更迭，李氏朝鲜强调伦理儒学，提倡朱子之学，佛教、神仙思想及茶道等皆被排斥，崇儒抑佛也殃及茶叶，于是茶道一度中衰。朝鲜中期以后，酒风盛行，又适清军入侵，致使茶文化一度衰落。直到朝鲜后期出现了丁若镛、草衣禅师、金正喜等人的热心维持，大力提倡饮茶、种茶，将茶与艺文结合，著书《东茶记》《东茶颂》《茶神记》等弘扬"中正"的茶礼精神，茶文化渐见恢复，饮茶之风逐渐再度兴盛起来。

丁若镛

虽然中国茶传入朝鲜半岛较早，但因朝鲜半岛气候并不适合茶树的生长，茶叶生产向来不太发达。较为独特的是，唐宋元明时代用中药材加工而成的"药茶"流传至朝鲜半岛后仍沿袭至今，这种非茶之茶在朝鲜半岛得到长足的发展，后成为韩国茶文化中更具民族特色的部分。

现当代，中国茶文化对朝鲜半岛茶文化的交流与影响甚微。日俄战争后，朝鲜沦为日本的殖民地，日本独占了朝鲜的茶业，推行日式茶道教育，朝鲜半岛本土茶文化受挫。1945年，日本战败投降后，朝鲜独立，但形成南北对峙的两个国家。不久又发生了朝鲜战争，如此种种对朝鲜半岛茶产业的发展都形成了严重阻碍。

战后，南部适宜种茶的地区归属韩国，韩国开始流行喝红茶，政府也开始奖励茶叶种植。1960年，韩国红茶基本能自给自足。1970年以后，喝绿茶的人开始增多，韩国的红茶产业逐渐式微。目前韩国以绿茶生产为主，茶树种植主要集中在济州岛和南罗道州两地，但由于气候等原因，茶叶生产发展缓慢，茶园面积也仅有600公顷左右，茶叶消费主要还是依赖进口。

朝鲜因地理环境并不适合种植茶树，直到1983年，茶树在气候相对温暖的黄海南道康翎郡引种栽培成功后，朝鲜才建起了茶叶种植园，实现自产名为"恩情茶"的茶叶。据报道，"恩情茶"按照制茶工艺不同分为发酵制成的康翎红茶和未发酵制成的康翎绿茶。

20世纪80年代以来，韩国的茶文化日趋活跃，活动频繁，积极与中国、日本及东南亚各国举办各种国际性茶事活动。中韩两国及茶文化交流日益增多，韩国经常参加中国内地举办的茶文化会议，与宁波的佛教界、茶界的茶事交流尤为密切，且有许多茶叶爱好者来到中国学习溯源、研究深造。

1999年，浙江大学茶学系韩国留学生李恩京以《中国天台山和韩国智异山茶树比较形态学的研究》为题，经3年研究，最后得出韩国智异山茶树源于天台山的结论。2001年，浙江大学茶学系韩国籍博士研究生金惠淑和浙江大学梁月荣、陆建良教授利用RAPD技术（随机扩增多态性DNA标记）结合类平均法聚类分析研究了中国、韩国和日本茶树品种资源的基因组DNA多态性。研究结果表明，在得到的200条RAPD谱带中，多态性带达到84.3%。中国和韩国茶树品种DNA多态性分别为86.2%和78.2%。46个品种之间的遗传距离为0.279～0.654。这一研究结果显示，韩国茶树品种和日本的薮北种与浙江省的鸠坑种具有较密切的亲缘关系，该研究成果发表在2001年6月的《茶叶科学》杂志上。这些研究进一步从分子生物学的角度证实了韩国茶树品种和日本薮北种的祖先均来自中国浙江。

五、茶道东传延后世　文化交流谱新篇

在精神境界上，禅宗讲求清净、修心、静虑以求得开悟，而茶的药用性状与禅的追求境界颇为相似。

明州金峨寺住持百丈怀海制定《百丈清规》，把禅宗的规范法制化、条文化，为茶禅文化起到承前启后的推进作用。在中日禅僧往来求法播道的文化交流中，茶礼法会随禅院清规一起被移植到了东瀛，荣西的再传第子、日本曹洞宗开山祖师道元根据《百丈清规》制定《永平清规》，最早把宋地禅寺清规完整地传播于日本，而圆尔辨圆以《禅苑清规》为蓝本制定了《东福寺清规》。茶禅文化所蕴含的仪式规范、审美意蕴经明州传至日本，与日本本土文化在审美价值，精神的清、净、和、寂等诸方面的融合与叠加，构建起日本茶道的总体框架。在吸收中国"茶禅一味"的精神内核基础上，日本茶文化发展出自己的"和、敬、清、寂"的茶道精神，成为融宗教、哲学、伦理、美学为一体的文化艺术活动。在此基础上逐渐演变和发展，形成安土桃山时代以村田珠光为鼻祖、武野绍鸥为中兴的日本茶文化，并在千利休时代达到了前所未有的昌盛阶段，演绎成为集宗教性、艺术性、社交性、礼仪性于一体的综合性文化艺术体系，从而进化为闻名世界的日本茶道。

茶和禅各自形成的文化现象，在经历了兴起、发展、成熟的过程之后，在明州这一特定地域的生态环境和文态环境双重融合、孕育下，进而渐成一体，升华为独具个性特质，又底蕴丰厚、深邃的茶禅文化。茶叶乃至茶禅文化又经明州，以海洋作为传播载体，影响到日本和朝鲜半岛等地，使之最终形成别具一格的茶道，从这一点上讲，由明州开辟的"海上茶叶之路"无疑为日本乃至东亚文明竖起了一块历史的丰碑。

随着近代茶文化的兴起，以浙东佛教四大丛林为代表的当代宁波茶禅文化更加丰富多彩。与茶禅文化有关的理论研究及实践活动不断涌现，展现出欣欣向荣之势，在宁波市人民政府的支持下，由宁波东亚茶文化研究中心、七塔报恩禅寺（七塔寺）联络海内外学者、僧人，以禅茶文化为平台，陆续在宁波七塔寺、天童寺举办了多次禅茶交流活动，探讨新时代禅茶文化，弘扬中华文化。

在当代，中日韩三国的茶文化交流不仅频繁活跃，而且提高到了一个新的水平。2003年，经中韩两国民间研究人士呼吁，宁波市文物部门在云宝寺遗址上建立了云宝寺遗址碑。2006年2月16日，韩国佛教曹溪宗第十八教区母岳山佛甲寺住持满堂法师一行，来宁波进行了宗教文化交流。2010年4月，宁波第五届国际茶文化节暨第五届世界禅茶文化交流大会在宁波举办，禅茶大会的主题是禅茶东传宁波缘。日本、韩国等海内外多位茶禅文化专家、学者、僧人会聚宁波，纪念禅茶东传的历史意义，并在宁波七塔寺举办了"海上禅·茶·乐"高雅茶会。2014年5月10日，在宁海广德寺举办了第七届中国宁波国际茶文化节"茶·禅·乐"茶会。2015年4月12日晚，第十九次中、韩、日佛教友好交流会预备会议召开，宁波市佛教协会在东钱湖畔举行"茶·禅·乐"茶会，来自宁波天童寺、雪窦寺、五磊寺、广德寺、七塔寺等多家寺院的法师以及表演艺术家参加。2016年5月7日晚，由全国人大原常委会副委员长许嘉璐创办的第三届茶文化高峰论坛暨第八届中国宁波国际茶文化节"茶·禅·乐"晚会在天童寺举办，中国、日本、韩国等100多位嘉宾观赏表演。2016年10月13日，第十九次中韩日佛教友好交流会在宁波召开，由中国茶禅学会主办，浙江省佛教协会、宁波市佛教协会协办，宁波天童寺承办的中韩日佛教茶道交流会在天童寺举行。茶会由宁波市佛教协会会长、天童寺住持诚信法师主持。取三国之茶，成一味之禅，中日韩三国佛教界代表，分别表演了茶道、茶艺，展现了各自独具民族特色的茶道艺术。2018年5月7日晚，第七届中国宁波国际茶文化节"茶·禅·乐"茶会在江北宝庆寺举办，推出细腻柔美的香道表演——《盛世留香》。2019年5月4日晚，在宁波市七塔寺举办了"禅茶一味"茶会雅集。十余年不间断的"茶·禅·乐"茶会已经成为当代宁波茶禅交流的标志性事件，以茶为载体，坚持定期举行禅茶交流活动，传承清寂和雅的禅茶文化，为积极推动茶禅文化的发展贡献了力量。

茶禅一味,泽被后世。宁波以其茶禅文化交流为特征的文化输出,在推动东亚茶文化发展过程中,起到了通道和窗口的作用,成为我国茶文化传播史上的璀璨明珠。在新时代背景下,深入挖掘茶禅文化的精神底蕴及现实价值,更好的将其继承并发扬光大,对弘扬中华民族优秀传统美德,净化社会风气,推动和谐社会的构建,促进中外文化交流等都具有重要的现实意义。

第四章◎

宁波茶种传海外

自宋代至清代，宁波天童寺等地茶种除通过文化交流引种到日本外，还通过植物猎人窃取、商业贸易等途径，先后被直接引种到印度、格鲁吉亚，并通过这些国家引种到锡兰、苏联等更多国家和地区，在中外茶文化交流史上具有重要地位。

　　15世纪末至16世纪初，欧洲人开辟了通往印度和美洲的航线，打开了西欧国家与东方各国的通路。明正德元年（1506）葡萄牙人来到中国，开始学习饮茶。正德十二年，葡萄牙商船结队来华，居留于澳门等地进行商业交易活动，为茶叶输入西方创造了条件。16世纪末荷兰商队达到爪哇，并以此为东方贸易的据点。据陈椽《茶业通史》记载："万历三十五年，荷兰商船自爪哇来澳门运载绿茶，万历三十八年转运回欧洲。这是西方人来东方运载茶叶最早的记录，也是中国茶叶正式输入欧洲的开始。"

　　茶叶被商人引入荷兰后很快受到上层社会的欢迎，茶叶成为荷属东印度公司最主要的经营商品。茶叶进入欧洲后，长期以来被视为治疗身体和精神疾病的灵丹妙药，在宗教和政治仪式中都是焦点。至17世纪中叶，茶叶慢慢普及开来，成为荷兰上流社会的时髦饮料，但价格极其昂贵，且由药房销售。1657年荷兰商人将茶传入英国，但谈及英国人对茶的热爱，大多认为肇始于葡萄牙公主凯萨琳。1662年，葡萄牙公主凯萨琳嫁给英国

葡萄牙公主凯萨琳

国王查理二世，中国茶具和茶叶作为她嫁妆的一部分流入英国。闲暇之余，凯萨琳公主会在皇宫举办茶会招待贵族宾客，作为外来奢侈品，茶叶迅速成为英国上流社会阶层用于展示自己品位的理想载体。

神秘的东方与神奇的植物，两者的结合引起了西方的关注，尤其赢得了英国皇室的喜爱。在上流社会所造成的示范效应下，下午茶会从社会上层向下层逐渐渗透，饮茶迅速风靡了英伦三岛，在皇室的带动下，整个英国都认识了这来自中国的植物——茶叶。从宫廷到贵族阶层再到民间，饮茶成为举国乐此不疲的事情。从中国不断输入的茶叶，已彻底融入了英国底层民众的生活，茶可以杀菌消毒、提神醒脑，给予他们能量和抚慰，成为老百姓不可或缺的必需品。正如那句谚语所说——"当下午的钟声敲响第四声后，世上的一切瞬间为茶而停止"。在经济利益的驱使下，伦敦人怀揣着一掷千金的美梦对茶进行投资。崇祯十年（1637），英国东印度公司商船第一次从广州运出茶叶112磅，随后英国东印度公司分别在厦门和澳门设立办事处。1669年英国东印度公司开始从爪哇的万丹第一次装运进口的143.75磅中国茶输入英国，1689年直接从广州购买茶叶到利物浦，并经此转口到欧洲各国。1690年进口了中国茶38 390磅，此后一度中断交易。

位于伦敦的英国东印度公司总部

一、英国最早茶叶标本来自宁波

18世纪，"茶叶世纪"的大门刚刚打开，英国社会对茶就充满了争议。欧洲人对茶叶的植物学、种植与加工等诸方面的探究和争论，几乎与茶叶在欧洲同步出现。茶，对于英国人来说，来自从没有去过的遥远国度，充满东方的神秘色彩，英国人当时认为，茶只有中国有，而且对于茶叶的加工知之甚少。当时人们对茶的历史、茶到底是什么以及茶的加工方法等问题充满了争议。在所有的争议中，红茶和绿茶来源于同一种植物还是不同植物，是最广泛争论的问题。即便是著名的瑞典博物学家、"分类学之父"卡尔·林奈也认为绿茶来自绿茶树，红茶来自红茶树，这些问题直到18世纪初仍未有定论。

在这样的时代背景下，之前曾两度以东印度公司商船医生身份赴亚洲的英国皇家学会会员詹姆斯·坎宁安（James Cunninghame）带着解开茶叶之谜的任务，于1700年10月11日乘坐对华贸易的"伊顿"号商船抵达宁波定海县（今舟山，自清康熙二十七年起设定海县，宁波府下辖鄞、慈、奉、象、镇、定六县），在定海开展了全方面的科考工作。1700年11月至1701年，坎宁安在定海详细调查了茶叶的种植、加工等情况，并陆续将这些情况以书信和包裹的形式寄回英国，他在信件中详细记录定海的自然环境、社会风俗、农渔盐业、经济结构等情况外，也描述了他所观察到的茶叶——"山顶上长着大量茶树，但是和那些长在多山岛屿上的茶叶没法比……他们生产茶叶，但主要是用于自己消费"，在坎宁安寄回英国的一组包含大概150种不同植物标本的包裹中，有采自定海盘峙岛的茶叶标本。1701年下半年，坎宁安和英国船长约翰·罗伯茨（John Roberts）一起测量了定海附近的海道，并将他采集标本、观察茶叶种植技术和加工工艺的这座小岛，命名为"茶岛"。1702年起，英国《哲学汇刊》开始刊登坎宁安的书信，随即在社会上引起强烈反响，他的考察成果回答了人们心头困惑的关于茶叶植物学的"东方之谜"，尤其是将红茶和普通绿茶的异同进行了区别。他所采集到的包括茶叶在内的植物标本，几乎全部进入皇家学会目录，成为目前伦敦自然历史博物馆的一部分。1703年，他们所绘制的海道图，由英国桑顿公司出版发行。

近两个世纪后，1888年出版的《牛津国家人物传记大词典》将坎宁安收入名录，称他是"第一个在中国制作植物标本的英国人，最早准确描述了茶叶种植"。2015年，历史学家在开展植物研究时确认它为英国最古老的茶叶标本。如今，这份重约2盎司[①]、编号为"857"的茶叶标本被保存在英国伦敦自然历史博物馆。

现藏于伦敦自然历史博物馆的英国最早茶叶标本，标签上写着"来自中国的一种茶"

在对茶叶影响至深的英国本土学者坎宁安、欧文顿、坎普费尔等的相关论著出版后，英国人逐渐了解了红茶、绿茶，从这时候起，红茶开始越来越受到英国消费者青睐，茶叶销量开始呈现井喷式增长。18世纪中期，饮茶在整个欧洲实现了普及，社会各阶层对茶叶的需求量巨大，茶叶在对外贸易中的重要性愈发凸显。很快，东印度公司对中国茶叶的进口量逐年递增，到1718年茶叶在中国的出口品中首次超过丝绸和陶瓷，成为最重要的出口品，英国成为中国茶叶最大的消费国，有五分之一的茶叶被东印度公司出口到了英国。

---

① 盎司为非法定计量单位，1盎司=28.35克。——编者注

《舟山日报》有关坎宁安在盘峙岛采集茶叶标本的报道

1732年，英国川宁公司进口中国武夷茶、工夫茶的记录

1760—1784年，茶叶在东印度公司回程货物总值中的年平均值占比上升为68.1%，其中，1759年占比高达88.3%。1790—1800年平均每年进口中国茶叶330万磅[1]。1833年，东印度公司采购的茶叶占中国

---

[1] 磅为非法定计量单位，1磅=453.592 37克。——编者注

销往欧洲茶叶总数的80.9%，如果加上通过其他欧洲国家辗转进入英国市场的茶叶，这一比例则更高。随着中国茶输入的增加，大量白银也随之流入中国，中国在茶叶贸易上长期处于垄断地位，使英国出现了严重的贸易逆差。

英国东印度公司从中国进口的商品表

年份	总输出价额/银两	茶叶		生丝		棉布		陶瓷器及其他	
		价额/银两	占比/%	价额/银两	占比/%	价额/银两	占比/%	价额/银两	占比/%
1760—1764	876 846	806 242	91.9	3 749	0.4	204	0.1	66 651	7.6
1765—1769	1 601 299	1 179 854	73.7	334 542	20.9	5 024	0.3	81 879	5.0
1770—1774	1 415 428	963 287	68.1	35 824	25.3	950	0.1	92 949	6.5
1775—1779	1 208 312	666 039	55.1	455 376	37.7	6 618	0.5	80 279	6.7
1780—1784	1 632 720	1 130 059	69.2	376 964	23.1	8 533	0.5	117 164	7.2

数据来源：陈慈玉《近代中国茶业之发展》。

为了纠正贸易失衡，扭转对华贸易逆差，英国一方面持续在印度实行殖民扩张，另一方面通过向中国倾销鸦片来获取暴利。早在1773年，东印度公司就取得了在印度生产鸦片的垄断权，大量的鸦片被销往中国，所获取的利润再来购买茶叶。鸦片与茶叶贸易成为英国国民经济中不可取代的重要元素，英国政府每10英镑的税收中，就有1英镑来自茶叶的进口与销售。大量的鸦片输入中国后，国人吸食鸦片成瘾，不仅浪费钱财、毁人身心，而且给中国社会和经济体制带来了严重危害，引起清政府重视。随后，清政府下令严禁鸦片，于1839年派湖广总督林则徐前往广州负责执行禁烟政策，虎门销烟运动促成了鸦片战争的爆发。很快清政府战败，1842年8月29日，被迫与英国签订了《南京条约》。条约满足了英国大多数的要求，中国被迫把香港割让给英国，并开放广州、福州、厦门、宁波、上海五口通商，英国人不仅获得了巨额赔款，并由此得以进入中国内地广大地区。

1845—1846年，英国输往中国的工业产品，与中国运往英国的茶叶相比，贸易逆差高达35%～40%，有些制造业者已经放弃了对华贸易。中国不需要英国的产品，但英国需要中国茶，并依靠它获利。一方面，社会各阶层对茶叶的需求日益增大，而从中国进口茶叶的昂贵价格成为英国人的"心病"；另一方面，一旦清朝政府将鸦片的种植、生产合法化，则英国即可能陷入财政危机，不仅再无资金进口茶叶，更无力支付国内的建设和在印度的殖民扩张，他们迫切需要更廉价的茶。因此，伦敦方面认为最好的应对之策是从中国获得茶树种子，挑选出最适制的茶树品种在印度开展茶叶种植和加工，打破中国对茶叶的垄断。

　　为了获得更廉价的茶叶，打破对中国进口茶叶的依赖，1780年英国东印度公司开始把少量茶籽从广州经海路运到加尔各答，陆军中校罗伯特·凯德将其中一部分种在了私人植物园中，但此后被移植到阿萨姆、库马翁、德拉敦以及印度南部的尼尔吉里的中国茶树都难以成活，无法形成大规模的茶叶种植园。1815年，东印度公司医疗队的外科医生在印度东北部的阿萨姆邦发现了当地茶种，但那里的土著人习惯把它嚼着吃而不是用来当饮料喝。东印度公司随后投入了数百万英镑在喜马拉雅山脚地带建设了500英亩[①]种植园，开始试验种植阿萨姆茶。这个计划在一定程度上获得了成功，东印度公司发现它能长出一种类似中国茶叶的叶片，但因海拔高、气温低，云雾缭绕的自然环境大大延缓了茶叶的生长，每英亩的产量所得收益少得可怜，而且利用本地茶种制作出的喜马拉雅山茶香气不足，在口味上也远不能与中国茶相匹敌。对阿萨姆红茶的改造持续了几年，但口感和香气始终无法像中国茶叶那样拥有浓郁的芳香。东印度公司最终意识到，这种茶叶永远不可能取代中国茶叶的位置。但是，如果能让中国最好的茶树种子和相关的茶叶生产工艺在印度的茶叶种植园里生根发芽，能让中国

---

　　① 英亩为非法定计量单位，1英亩=4 046.856平方米。——编者注

本土茶艺专家对喜马拉雅茶农进行茶叶生产培训的话，印度茶的缺陷或许能得到有益的改进。要实现这一目标，急需从中国最好的茶区弄来茶树种子。为此，东印度公司决定派出一个植物猎人前往中国，盗取包括茶树种子在内的植物资源，打探茶叶种植与加工技术情报，这个担负着大英帝国希望的人，就是罗伯特·福琼。

罗伯特·福琼及其与家人合影

二、植物猎人窃取使宁波茶种输出印度

罗伯特·福琼（Robert Fortune），生于1812年，卒于1880年，英国皇家植物园植物学家。在风云际会的维多利亚时代，福琼以植物学家的身份闻名于世。他曾先后在1843—1845年、1848—1851年、1853—1856年和1861年4次来中国研究采集植物，足迹遍布东南沿海和华北诸省，将蒲葵、紫藤、栀子花、芫花、金橘等一系列中国花卉引入英国。他最广为传颂的事迹，是从浙江宁波、舟山，安徽休宁，福建武夷山等地，将中国优良的茶种和栽培技术、炒制加工技艺引入

印度以及斯里兰卡，并最终扩张至全球，后人称其为"茶叶大盗"。

　　1842年中英《南京条约》后，福琼受英国皇家园艺学会派遣，作为植物猎人于1843年来到中国从事植物采集，他并没有严守外国人仅可停留在广州、上海、宁波、福州、厦门等几个口岸城市而不得进入中国内地的规定，不时以易装打扮的方式，身穿长袍大褂、头戴假辫子，装扮成中国商人潜入东南沿海的乡村，未开放的苏州府、杭州府，以及徽州的松萝山和福建的武夷山区，盗采大量中国植物资源运送至英国。1843年夏至1845年冬，他第一次来到中国期间，因为时间有限，他的主要活动区域为东部沿海地区，对茶叶的关注限于宁波、舟山等地的绿茶产区。

　　1848年，福琼又接受东印度公司派遣，多次装扮成中国人的模样秘密潜入浙江宁波、舟山、衢州，安徽休宁以及福建武夷山、崇安等地，盗采包括茶树和茶籽在内的大量植物种子，这次他在中国待了足有2年零5个月之久，并到达中国最负盛名的茶叶产区徽州和武夷山，此前这两个内陆地区鲜少外国人踏足。离开中国时，福琼最终带走至少2 000株茶苗、17 000多颗茶树种子，这些茶苗和茶树种子被种植在喜马拉雅山脚下的印度大吉岭地区。不仅如此，他还将中国制茶工艺引进到东印度公司开设在喜马拉雅山麓的茶园。数年后大吉岭地区便成了著名红茶产区，从而彻底改变了中国茶叶一统天下的垄断格局，给中国经济带来巨大影响。如今，这里已经发展成为全球三大著名红茶产地之一。

　　回英国后，福琼将自己在中国的经历写成《华北诸省漫游三年记》（1847）、《中国茶乡之行》（1852）、《两访中国茶乡和喜马拉雅山麓的两座英国茶园》（1853）、《居住在华人之间》（1857）等游记，其中详细记录了他对中国茶树的调查与移植情况。在其《两访中国茶乡和喜马拉雅山麓的两座英国茶园》一书中记载，印度大吉岭一带的茶种，分别是他作为经济间谍于1843—1848年先后潜入中国浙江宁波、舟山，安徽休宁、福建武夷山窃取的。由于当时舟山是中国对外开放的前沿地区，福琼多次来到舟山定海及普陀山、金塘等地进行茶业调查。

（一）福琼的首次宁波之行

1843年4月，罗伯特·福琼从英国启程，开始了他的中国之行。1843年7月6日，离开英国4个月后，福琼在香港登陆来到中国。他在考察完香港之后前往厦门，后经泉州湾北上，于当年秋冬季节来到舟山。福琼盗采茶树和茶籽的四地中，当时舟山允许外国人访问，隔海相邻的宁波则为"五口通商"口岸，他两次到中国间曾数次往来于宁波和舟山，并对宁波的茶叶和风土人情多有记载。

1. 首次访问宁波搜集茶树种子　到达舟山和定海县后，福琼首先调查农业和主要农作物、麻类植物、棕榈、油菜和绿茶等作物。据福琼自述，"11月以后的两年多时间里，一年四季，我经常访问舟山，因此详细了解了舟山岛的土地、物产、植被等情况。"福琼踏访舟山本岛附近岛屿，还数次前往外国人禁止踏足的地方，纯朴的舟山岛民，对于他出其不意地到来，感到非常惊奇。经过多次调查，福琼搞清楚了舟山的土地、物产、植被等情况，他对茶树种植有如下叙述："舟山的山谷里长着很多乌桕树……到处都栽种着绿色的茶树，每年所产的茶叶，除了一小部分出售到大陆上去——宁波以及邻近的几个乡镇，绝大部分都是当地人自己消费掉了。每户小农或佃农的房前屋后，都有一些房主精心种植的茶树，但看起来他们并不想大规模种茶。实际上，真要大规模种茶，还应该再考虑考虑，因为这儿的土质并不是那么肥沃。尽管茶树长得还不错，但和陆地上那些茶叶产区的茶树相比，在繁茂程度上还是远远不如的。"

1843年秋天，福琼第一次从舟山来到宁波。此时的宁波已经相当繁华，人口众多且很富庶，被福琼认为是一个交通便利的大城市——两条清溪在这里交汇，大货船和帆船在甬江上自由航行，便利的水运联通各地。他在游记里这样记录初到宁波的所见所闻："宁波防卫坚固，四周有长达5英里①的高高的城墙和壁垒。城墙内到处都是房子，很多地方的房子密密麻麻地挤在一起。城内有两三条很好的街道，和我到过的其他中国城市相比，这几条街道实际上都要更好一些、更宽一些。"福琼对这个新地方充满好奇，他兴致勃勃地在宁波城里漫步。城内居住着大约38万市民，街道上各式的丝绸店、五金店、玉器店、印花店鳞次栉比，销售的商品琳琅满目，相当数量的古玩店陈列着古代瓷器、漆器、铜器、犀牛角制品以及日本的舶来品，家具街上床、椅子、桌子、柜子等家具造型别致、应有尽有，集中了天下贵重而又新奇的商品。城内有很多外国人喜欢的寺庙，福琼在庙里和尚们的陪同下登上了宁波城内的天封塔参观，和尚们还拿出茶和糕点招待他。

福琼游记中天封塔的插图

1989年重修的天封塔

然而，作为植物学家福琼最关心的还是植物品种，他时刻没有忘记此行的目的。到达宁波之后，他做的第一件大事便是考察那些官员或乡绅的后花园和苗圃，从中发现之前没有见过的植物。宁波官员们

---

① 英里为非法定计量单位，1英里＝1 609.344米。——编者注

的花园很漂亮，里面种植的都是精心挑选的各种中国园艺树木，且部分植物经矮化成为优良的园林观赏植物。福琼一边在这些园林中剪切枝条，搜寻各种稀见的植物品种，一边四处打听传说中的"黄色山茶花"——"如果有人能给我弄一株来的话，哪怕付出10块钱的高价我也在所不惜"。很快，他以高价买到两颗山茶花树。

1843年秋至1844年春天，福琼持续在宁波北面的山上、舟山地区和附近的岛屿上考察植物群落，沿着甬江上溯搜集植物种子，并时断时续的考察舟山岛。他把舟山作为此次中国内地之行的总部，并在舟山及宁波停留了很久。

2. 探访宁波天童寺并参观茶叶制作　福琼两次来中国，均在自述中记载了宁波天童寺及天童寺的茶叶。1844年5月，福琼来到宁波探访宁波的绿茶产区，听闻天童寺附近种植着大量茶树，他便决定前往调查。他在书中如是记载："大概在5月初，我与英国领事罗伯聃（Robert Thom）先生，以及另外两位先生一道，开始一次短途旅行，访问宁波周边的绿茶产地。我们得知，这片绿茶产地的中心，有一座很大很有名的寺庙——天童寺，离宁波大概有20英里的距离，旅行期间，我们可以在这个寺庙落脚歇息。"

福琼到达天童寺时天色已昏黑，寺里的僧侣们惊讶于这些异国人的到来，但仍表现出极大的善意。他们生火给这几位不速之客烘干衣服，并为他们准备了上好的厢房过夜。翌日清晨，在中国见到的最美丽的一幕出现在福琼眼前："天童寺坐落在群山之间，下临山谷。山谷中土地肥沃，在山中清泉的滋养下，出产品质上佳的稻米。两侧山地更为肥沃，在山坡的低地上，散布着很多深绿叶子的茶林。"

天童寺的住持热情接待了福琼一行，向他们讲述天童寺的故事，并邀请他们留在寺内斋堂共进午餐，在这里福琼第一次学习使用中国的筷子吃饭。席间，天童寺的大和尚向他介绍了寺庙的概况。天童寺一共有大约100名和尚，平日里和尚们亲自耕作茶园与稻田，并出售多余的茶叶和农产品获得收益。居住在天童寺期间，福琼目睹了天童寺僧人们诵经、上课、斋饭等日常起居，大和尚还带他参观了天童寺的茶园，并向他介绍和展示了天童寺茶叶的加工制作过程。听大和尚介绍说，寺庙里云游四方的游方僧人到过中国最偏远的省份，因此带回来许多各地的植物品种，这激发了福琼对宁波地区寺庙的兴趣，他为此多次拜访宁波地区的寺庙，如天童寺、阿育王寺等，以便采获植物种子。

1844年7月，福琼离开宁波前往普陀，他与马克维医生两人抵达当时被外国人叫做"礼拜岛"的普陀山，对岛上各处的植物品种特别是茶树进行考察和收集。他发现普陀山的和尚喜欢搜罗各种植物，品种非常丰富，很多信徒来岛上朝拜礼佛，献给寺庙的赠品里就包括很多植物品种。"就如所有其他佛寺的周边一样，岛上的树木也都保存得很好。我们看到的主要有枞树、杉树、紫杉、青柏、樟树、乌桕树、橡树以及竹子等。在树林中，我们发现了很多自然生长的山茶，从20～30英尺①高不等，茎秆粗细则与其高度相称。可是，这些山茶只有最常见的红色这一种。除此以外，普陀山的植被便与舟山岛上没什么两样了。"

1844年夏天，福琼多次往返舟山与宁波之间，把他看中的有价值的植物品种和种子都搜集完整。随后他结束了在宁波地区的考察，将采集到的植物品种和种子从宁波经镇海、乍浦、平湖一带运送至上海集中保管，以便择期把它们护送回英国。

3. 红茶与绿茶源于同一种茶树　英国人一度认为中国出产两种不同的茶树，其中一种是广东的茶树，叫做红茶茶树；另外一种出产于安徽及相邻省份的茶树，叫做绿茶茶树。甚至认为广东茶树所产的绿茶和红茶品级较低，而后一种绿茶茶树所产的都是高级绿茶。

为了搞清楚这个问题，1845年初夏，福琼搭船离开上海南下进入福州府考察红茶产区。在福州，他不顾当地官员的禁令，潜入红茶产

---

①　英尺为非法定计量单位，1英尺=0.304 8米。——编者注

区，偷偷爬上茶山，仔细观察当地的茶树品种。他在书中记载："我已经铁了心要去看一看了。第二天早晨，我很早就出发了，踏上了前往茶山的道路……在这些海拔2 000英尺至3 000英尺高的山上，我找到了自己迫切寻找的红茶产区，而我那些亲爱的官员却矢口否认它们的存在。因为我也到过北方的几个绿茶产区，我很想弄清楚，这两个地方的茶树是属于同一品种呢，还是像普遍认为的那样属于不同品种？这一次我很幸运，不仅找到了一大片茶园，而且正好碰到当地茶农正在采摘和加工茶叶。我不仅采集到了一些新的植物标本来丰富我的收藏，而且还得到了一株活的茶树。"

在福州地区，福琼仔细观察茶农采摘茶叶和加工茶叶的过程，还在周边的苗圃继续采集一些新的植物标本，随后他从闽江口搭乘运输木板的货船回到舟山。他把从福州挖掘的茶树带到浙江舟山，仔细对比制作红茶的茶树与浙江制作绿茶的茶树后，"我发现它与绿茶茶树完全相同"——此时，福琼明白了原来制造红茶与制造绿茶的茶树是完全相同的，也就是说，通常运到英国去的来自中国的红茶和绿茶，其原料实际上产自同一茶树树种。而红茶与绿茶在颜色、味道等方面的不同，仅仅是因为加工方法的不同而已。至此，福琼不仅获取了茶树种子资源，而且领会了茶叶的加工制作方法，还学会了茶叶处理和烘干过程。

福琼把从福建福州，浙江舟山、宁波等地采集来的植物种子和植株都集中到上海后，1844年10月10日，福琼自豪和满足地带着这些打包好的"最有价值的植物品种"离开上海前往香港。到达香港后，他把采集来的植物分别放入8个镶有玻璃的柜子装上船只运往英国。而他自己则于1845年12月22日带着18个装着成活植物的玻璃移动温箱和其他所有采集来的植物种子，从广州搭乘前往伦敦的"约翰库伯"号轮船离开中国。

1846年5月6日，福琼到达泰晤士河，结束第一次中国之行。在回国时福琼带回了100多种西方人没有见过的植物，他采集到的植物种子被种植在英国皇家园艺协会的花园里，包括牡丹、蒲葵、紫藤、栀子花、金橘等，福琼本人被任命为切尔西草药园的园长。因英国不适宜种茶树，福琼第一次带回的茶籽并未大量繁殖，茶树仅仅被作为一种常绿灌木而成为英国各个公园里的观赏植物。

（二）印度茶种源自舟山、宁波等地

1848年，福琼受雇于皇家东印度公司再次来到中国，他搭乘半岛东方轮船公司（又称P.&O.轮船公司或大英火轮公司）的轮船离开英国南安普敦，于8月抵达香港。在东印度公司写给福琼的信里我们可以了解到，东印度公司此次雇佣福琼要做的事情极为简单，就是去窃取这个世界上最具有经济价值的作物——茶叶，并将他们成功"移民"到另一个次大陆，让东印度公司的茶叶种植园能够得以启动：

"尊敬的先生，东印度公司董事会一方在与罗伊尔博士沟通后，已经批准关于你前往中国航行目的为从最理想的地区获取公认最好的茶树树苗和种子，并由你负责将它们运往加尔各答，以及最终运抵喜马拉雅的任务……自您执行任务之日起至您回国为止，董事会将付给您每年500磅的薪水。他们将提供给您一次免费的中国之行，您返回英国时，返程也是完全免费的。您沿途的旅费及您为了获取和运输茶树、茶种，或是以其他方式来完成董事会为扩展在印度西北部各省山地地区的茶叶种植面积经慎重考虑后确定的任务，而在印度和中国可能产生的其他费用，也将由董事会来承担。"

"这次我来到北方，是为了给皇家东印度公司设在印度西北部省份的种植园采集一些茶树和种子。我应该从中国最好的茶叶产区中采集这些茶树和种子，这一点至关重要，我现在着手进行的就是这项工作。"他在自己的游记《两访中国茶乡》一书中毫不掩饰地如实记录了这一目的。简单地说，他此行的目的就在于从中国获取优质的茶树品种，探寻中国茶的制造工艺，同时寻找种茶能手和相应工具，并将它

们带到东印度公司开设在喜马拉雅山麓的茶园。福琼显然对东印度公司开出的慷慨条件非常满意，他欣然接受了这次任务并很快动身重返中国。

1. 为采茶籽再次造访宁波　1848年9月，福琼搭乘一艘中国货船再次来到了黄浦江上，开始了他的第二次中国之行。黄浦江河岸上呈现出崭新的面貌，一些来自英国或美国的大货轮运输来进口商品，再满载着丝绸和茶叶而去。得益于第一次中国之行，福琼已经知道中国绿茶和红茶的种植区是彼此分隔的，最好的绿茶产于江浙、安徽一带，而高品质的红茶产自南方的山区。为此，登陆上海后，福琼决定把这次茶叶狩猎行动分为两次，一次采集绿茶，一次则以红茶为目标。

福琼首先动身赶往绿茶产区，因"宁波附近的各个茶叶产区，出产适合中国人饮用的优质茶叶"，他便先在宁波周边以及宁波天童寺等名刹采集茶树种子。他还分析认为，"宁波的茶树品种与最优质茶叶的茶树并无二致，其差异不过是气候、土壤的不同所导致的，或者更可能是因为加工方式的不同"，导致宁波茶叶不是很适合外国市场，因此"如果只是从宁波的茶叶产区采集一些茶树和种子，然后假定宁波的茶树品种与徽州的完全一致，那我此行将留下一个很大的遗憾"。于是，他决定隐藏自己的身份，戴上辫子穿上中式服装，乔装成一个中国商人，违法深入不允许外国人进入的内陆绿茶产区徽州（辖今安徽黄山、黟县、休宁、绩溪、黟县、祁门及江西婺源）以获得更多的茶树种子。

2. 在休宁松萝山采集茶树种子和幼苗　一方面，福琼将徽州视为茶叶圣地，那里是他所认为"中国最好的茶叶产区"；另一方面，是因为徽州茶区在内陆之中，距离最近的港口无论是上海还是宁波都有200英里之遥，而且"对欧洲人来说，那儿就是一个与世隔绝的地带，除了几个耶稣会传教士，没人踏进过徽州这一茶叶圣地"。考虑到雇人去徽州带回茶树资源可能会存在使用其他地方茶树冒充徽州茶种而造假，福琼决定亲自前往——"于是我放弃了第一种途径，决定亲自前往徽州做一番刺探。这样我不仅可以采集到真正出产最好品质的绿茶的茶树，而且也可以获得一些关于徽州茶区的土壤特性以及栽种方法等信息"。

1948年10月，福琼找了两位徽州籍仆人，从上海由水路经嘉兴、杭州、严州（今杭州桐庐县、淳安县和建德市一带）等地，于11月初到达他极为向往的徽州休宁县松萝山。在徽州府的绿茶产区，福琼学习当地人如何加工绿茶，并详细记录了当地茶农利用茶树种子繁殖茶苗的过程：10月茶树种子成熟后，把种子采集下来与沙子和湿土混杂在一起放在一个篮子里，保存到3月份时把茶树种子从篮子中取出来，成排成列地种在苗圃里。第2年的春天雨水温暖的时节，茶树苗就可以移栽了，移栽时树苗种植成行，株距和行距均为4英尺左右，每行移栽五六棵茶树苗。等到来年，这些茶树就可以开采第一批茶叶了。如果冬天特别寒冷，茶农们还会用稻草把茶树包裹起来，保护它们不受霜冻，防止寒霜和降雪折断枝条。

1851年伦敦世博会

在休宁福琼每天从早忙到晚，四处收集与绿茶种植和加工相关的各种信息，"正常的天气情况下……我这时每天都待在外面，从早上一直到晚上，忙着采集各种种子，收集绿茶种苗，调查山上的植物"，他认为这些资源都是"茶叶贸易中最上乘的品种"。在他此行的任务中，学到中国的茶叶加工技术与程序无疑与为印度的茶叶种植园带去一批优质的茶叶种苗一样重要。为此，他深入茶叶加工作坊，仔细观察茶叶的制作流程，记录中国茶师从茶叶采摘到晒青、炒青、揉捻、干燥甚至着色的全部工序。福琼由此发现了当地人针对外销绿茶使用普鲁士蓝和石膏染色的秘密——这个秘密在3年后的伦敦世博会上被公布于世，成为改变欧洲人喝茶口味的历史转折点，他们逐渐摒弃绿茶，转而喜欢喝红茶，在奠定红茶文化发展基础的同时，也拉开了围剿华茶的大幕。

继续在松萝山附近待了一个星期后，福琼"采集到一大批茶树种子和幼苗，都属于茶叶贸易中最上乘的品种，也收集到很多有用的信息"，他小心地对部分植物进行了脱水处理予以妥善保存，带着他们经屯溪、西兴、绍兴府、余姚等地回到宁波。1848年秋，福琼尝试把采集到的茶种一部分装在帆布包，一部分与干燥的泥土混合在一起放于箱子里运往印度，还有一部分装在很小的包裹里通过邮局快递，但随后他收到了来自印度的坏消息，这些植物种子在长途的运输过程中水分蒸发殆尽，运送的茶苗和茶籽几乎全军覆没，未能在喜马拉雅的茶园种植成活。

3. 在金塘岛"采集到很多茶树种子" 1848年冬天，福琼回到宁波，此时外国人已获准访问舟山群岛。对此，福琼在他的游记里也有记载："外国人获准访问舟山群岛，比如舟山和金塘，这两个岛上都种了很多茶叶。"于是，他租了一条船前往金塘岛，以便在岛上采集和搬运茶树种子。

好客的海岛居民热情地招待了福琼："他们请我到屋子里坐下，更经常的则是坐在门前的凉棚下，这时他们总忘不了给我递上一杯他们的国饮——茶。在炎热的夏天喝上一杯茶，我不知道还有什么东西比这个更让人消困解乏。""金塘岛又叫银岛……岛内广泛栽种绿茶茶树，我来这儿的目的就是希望采集到一些茶树种子。因为这个原因，我把两个仆人都带在身边，一路上看各个茶园。……第二天早晨，我租到了一匹小马，和两个偷奸耍滑的家伙一起出发前往位于小岛中部的茶园。……路上一共花了三四个小时。我们从山坡上的茶园里采集到很多茶树种子。"就这样，福琼经常把他的小船停靠在金塘岛的海湾之中，上岛进行绿茶资源方面的考察。"每天我们都这样工作，直到我们把几乎所有的茶园都拜访了一遍，采集到大批茶树种子。"

福琼经过细致地调查后认为，金塘岛内绿茶的外销量极大。"银岛上种植的茶叶比舟山群岛任何别的一座岛屿上的都要多。除去本地人喝掉的，大部分茶叶都销往宁波和乍浦，供那儿的人消费，或是出口到马六甲。尽管都是些好茶叶，可它们并不是按照英、美市场的口味来加工的。"在金塘岛上，其他一些有经济价值的树木也引起了福琼的注意，他采集了乌桕树和油桐树的种子。

在将宁波周边及金塘岛上采集到的大量茶树种子妥善包裹好后，福琼带着它们于1849年春节前夕由乍浦送至上海。在上海，他入住远东豪门之一的颠地洋行总部，并第一时间向东印度公司汇报成功的喜讯："敝人很高兴地通知您，我已经得到了大量的种子和茶树幼苗，我保证将它们安全地送达印度。这些树种和茶苗来自这个国度的不同地区，有些可是采自著名的茶场……"他利用颠地洋行在上海的厂房地皮，忙碌地将采集到的茶树种子和茶树树苗移植到洋行的植物园里，精心照料。

依靠颠地洋行的协助，福琼采集来的植物从野外移植到新家后成功地活了下来。1849年1月，福琼马不停蹄地将大约13 000株植物幼苗和10 000颗茶树种子打包通过海路运往喜马拉雅山，并将剩余的种子单独包装为4份，分别托运于4艘货轮运往印度。

为了达到此次考察的第二个重要任务，获取制作红茶的茶树品种资源，1849年5月，福琼离开宁波由水路经今浙江兰溪、常山，江西玉山、河口、铅山，福建崇安等地，到达著名的红茶产区武夷山。福琼在武夷山详细调查了红茶茶园的种植、茶树幼苗的栽培、茶叶的采摘、红茶以及乌龙茶的加工制作方法、茶叶的销售价格、运输路线，他在九曲溪附近山上采集了大约400株幼苗——它们都是大红袍母树的后裔，还采集了数千根茶树枝条，将它们放入土壤里进行无性繁殖。

在中国的几年里，福琼不仅学会了用筷子、说中国话，还学会了中国人的中庸之道，并且在各种社交场合游刃有余，因此奔走于浙江、安徽、福建等地搜集茶苗茶籽变得轻而易举。1849年秋，福琼又分别从徽州和浙江省各地采获了大量茶树种子和幼苗，这些茶树和种子不只是来自舟山金塘岛以及宁波地区，还有来自著名茶区松萝山的，福琼把这些茶树种子与在武夷山采集到的集中种植在好友比尔在上海的花园里。

在收集了大量的茶树种子和幼苗后，怎样才能把茶苗和茶籽不远千里地运到印度，成为福琼面临的巨大难题。为解决长途航海运输茶种的难题，提高茶树和种子在漫长航途中的成活率，福琼考虑得非常详尽，除了依靠经验，参考他在徽州学习到的种子保育技术外，他还开始尝试采用英国医生沃德在1830年发明的一种适于长途运输植物的密封玻璃温室——沃德箱（Wardian case）来运输茶籽——保存在沃德箱内的植物不仅可以得到充足的阳光，而且玻璃内壁上形成的冷凝水滴到土壤上形成的水气自然循环，还能让土壤保持一定的湿度，所以沃德箱中的植物生长异常缓慢，也不会枯死。

福琼先用沃德箱储存运输部分茶籽做试验，这种运输方式不仅为茶种提供了最大程度的保护，而且茶种在整个运输过程中都处于鲜活的状态。试验结果非常成功，运送到印度的所有茶籽都发芽了。来自印度的反馈信息让福琼欣喜，于是他马上着手将剩余的茶种全部放入沃德箱中，然后分装成4批装上货轮经香港转运送至加尔各答。

1850年夏，福琼从上海前往宁波，接受他雇佣的仆人们从宁波附近茶区采获来的另一批树种和树苗。1850年秋，他继续在宁波、舟山及徽州等地采集大量茶树种子和茶苗。同年12月，福琼离开宁波将这些新采获的茶种和树苗运达上海，以便集中运往印度。

1851年2月16日，福琼带着16个沃德箱里的茶树树种、幼苗，招募到的6个中国制茶师傅、2个制作茶叶罐的工人和一批制茶设备，登上了停靠在黄浦江深水港的

在长途海运中保存植物的沃德箱

英国皇家海军舰艇"皇后号"。他已经完成了东印度公司交付的最终任务：搜集了大批茶树树苗和树种，并且经过2～3次的实验，在运输途中茶树和茶种的成活率已经相当之高——喜马拉雅山的茶叶种植园可以得到充分供应了，并且雇用了一批愿意跟他前往印度的中国专业制茶师。

等所有的劳工队伍都登船后，福琼才走上舷梯，他深知自己这次一旦离开这片大陆，可能就一去不返了。在2月的寒风里，满载"战利品"的"皇后号"离开上海驶往印度，植物大盗福琼结束了中国茶种狩猎之行和他的第二次中国之旅。1851年3月15日，福琼一行到达加尔各答，所有的茶树和种子都被搬上岸，送往加尔各答植物园，运输至这里的茶树种子、茶树幼苗和制茶设备一共装了整整9辆大车。福琼细心地整理他的"战利品"，此行他至少搬运了12 838株完好无损的茶树和多到不计其数的处于萌芽状态的茶籽。尽管经过长途旅行，中间又不断转换运输方式，这些树苗仍然绿油油的，生机盎然。福琼从中国带来的制茶工人们被安置进了不同的茶叶种植园，以指导

当地人进行茶叶种植和生产。此后的2年时间内，福琼带去的茶苗和种子陆续被送到印度西北部各省，英国人大张旗鼓地在加尔各答、萨哈兰普尔和大吉岭等地进行茶树种植和杂交试验，另有大批中国茶树和种子被迁居到喜马拉雅山麓的种植园，它们在那里生根发芽，大量繁衍。

　　尽管最早一批茶苗在大吉岭安家落户的日期在东印度公司的档案中并未找到具体记录，但在大吉岭上生根发芽的首批茶树则毫无疑问是从福琼那批铺着泥土、埋着茶种的沃德箱里长出来的，而那些茶树和种子正是福琼在宁波，包括天童寺及附近的舟山、金塘岛等地窃取而来的。

　　正如萨拉·罗斯在《茶叶大盗——改变世界史的中国茶》中所言："福琼从中国成功盗走茶种及其相关技术，制造了迄今为止世人所知的

美国作家萨拉·罗斯著《茶叶大盗——改变世界史的中国茶》

美国作家萨拉·罗斯著《植物猎人的茶盗之旅：改变中英帝国财富版图的茶叶贸易史》

最大一起盗窃商业机密的事件。时至今日，福琼的做法仍被定义成商业间谍活动，在人们看来，他的行为的性质就跟偷走了可口可乐的配方一样。"

在福琼窃走中国茶种和制茶工艺后不到20年的时间里，东印度公司从茶叶种植到制作过程的工业化令印度殖民地的茶叶产量迅速崛起，新生的喜马拉雅茶叶产区造就了更大规模的产量和成本更低廉的大吉岭红茶，并被标榜为"纯正茶叶"大肆吹捧，使得印度茶在国际市场上比中国茶更有优势。在此后的半个多世纪里，它们逐渐击败称霸全球茶叶贸易市场200年之久的中国茶，成为新的世界茶叶之王。1866年，在英国人消费的茶叶中只有4%来自印度，而到1903年，这个比率上升到了59%，中国茶所占的比率下降到不足10%。随着茶树栽培、种植及加工技术的外传，以及清朝末年对茶产业的税负压榨，再加上茶叶生产技术方法的落后，清政府在全球茶叶贸易中的地位愈下，以致清政府"茶叶富国"的梦想破灭，"以茶制夷"的战略随之走向终结，中国对茶叶的垄断地位也被彻底打破，这不仅给中国的政治、经济带来了巨大影响，并且与许多其他因素一起，彻底改变了世界格局。

三、把宁波茶种传入俄国的"红茶大王"

17世纪，中国的砖茶在俄国和欧洲已经培养出一个稳定而庞大的消费群体，尤其是西伯利亚一带以肉奶为主食的游牧民族，他们需要依靠饮茶来消食解腻。由于处于高纬度地区，一年中严寒日子居多，俄国人深深沉迷于这一神秘的东方饮品，并由此产生了巨大需求，催生了自中国南方茶产地至俄内陆腹地以茶叶为大宗商品的长距离贸易线路——"万里茶道"。而在俄国的茶叶发展史上，宁波更是留下了辉煌的印记，传奇茶师刘峻周将宁波地区的茶籽、茶苗带到黑海沿岸，成为格鲁吉亚（当时的格鲁吉亚属俄罗斯帝国，1917年俄国革命后格鲁吉亚宣布独立，1936年格鲁吉亚成为苏联加盟共和国至1991年苏联解体）茶叶产业的创始人，不仅开创了近代宁波茶种输出格鲁吉亚、俄罗斯等地的另一条"海上茶路"，而且在近代中俄、中格友好交往史上书写了浓墨重彩的一笔。

（一）茶叶在俄国的传播与生产

1. 俄国茶叶最早由中国内陆传入　据美国威廉·乌克斯著《茶叶全书》记载，1618年（明万历四十六年），中国最早通过陆路运茶到达俄国，是由中国公使携带的数箱馈赠给俄国朝廷的礼品茶。17世纪中叶，中国茶叶作为礼物及商品开始传入俄国的欧洲部分。

雅克萨之战后，中俄两国达成妥协并于康熙二十八年（1689）签订《尼布楚条约》，划定了两国边界。雍正五年（1727），中俄签订《恰克图互市界约》，同意设立恰克图为集散地，恰克图正式成为中俄两国陆路唯一通商口岸。中俄开始在两国边境的恰克图通商，这不仅为两国的经贸往来开了方便之门，而且为中俄两国的陆上茶叶贸易和运输打开新契机，形成"彼以皮来，我以茶往"的贸易格局。俄国几乎不产茶，巨大的市场需求只能从中国进口得到满足，因此，茶叶很快从恰克图贸易中脱颖而出，成为输俄的主要货品之一。庞大的茶叶市场空间驱使晋商不辞艰辛，开辟南下江南茶区，北通朔漠草原，长达5 000多公里的国际性茶叶商路——中俄万里茶道，俄国人称其为"伟大的中俄茶叶之路"。

这条茶叶转运路线主要有两条最古老的主线，一条从福建武夷山下梅村起，沿西北方向穿江西、至湖北，在汉口集聚后北上，纵贯河南、山西、河北，经乌兰巴托到达恰克图；另一条从湖南安化起，沿资江过洞庭，穿越两湖地区在汉口集聚，再北上至恰克图。两条商路在俄境内延伸，经贝加尔湖、伊尔库茨克、新西伯利亚、喀山、莫斯科等，到达终点圣彼得堡。

19世纪初，中俄恰克图的茶叶贸易进入黄金期，由骆驼商队和马

19世纪的恰克图贸易集市

帮组成的中国商队由"万里茶道"将茶叶源源不断地运往俄国。1830年，俄国在恰克图的茶叶贸易为250余吨，皆为黑茶。至1839年，已超过2 724.3吨。1820年中国茶叶出口至俄国超过10万普特①，1848年中国向俄国出口369 995普特茶叶，价值超过1 000万卢布，达到了历史最高峰。大量的茶叶贸易受益的不仅是茶商，俄国政府也从这种贸易中获取了巨大利润，在相当长的时间里，恰克图贸易的海关税收额是俄国海关收入的重要部分。

在恰克图打包的茶叶

1851年，俄罗斯帝国迫使清政府签订了《中俄伊犁、塔尔

---

① 普特为非法定计量单位，1普特=16.389千克。——编者注

巴哈台通商章程》，获得了在伊犁、塔尔巴哈台两地设领、贸易免税、领事裁判权等特权，打开了中国西北大门。1861年，俄国政府允许经由海路运输茶叶回国，打破了恰克图的茶叶独占贸易。1862年，两国又签订《中俄陆路通商章程》，该章程打破了边境贸易的地域限制，俄国商人可赴中国内地进行贸易。汉口开放通商之后，俄国的经济势力得以深入两湖地区，由于俄国饮茶人口之增加与对中国砖茶的需要之剧增，俄国商行直接在两湖茶产区开设工厂从事廉价砖茶的机械加工。1863年，俄国顺丰洋行在汉口开办第一家砖茶厂，1866年、1868年汉口一带已有三座俄国商行经营的砖茶厂，后俄国商人在汉口、九江、福州等地设立了新泰、阜昌、百昌、源泰等茶行及分行十多家，从事茶叶经营。19世纪后期，随着苏伊士运河的开通，茶叶的海上贩运路线发生了巨变，俄国商人通过水陆并运使行程大大缩短，而西伯利亚铁路的建成，更彻底改变了过去数千年里依靠牲畜、人力运输茶叶的历史，恰克图的贸易逐年减少，万里茶道走向衰落。

恰克图的俄商茶叶仓库

中俄茶叶贸易之道，在历史的风风雨雨中持续了近200年，为推动中俄经济贸易关系以及对我国内地的种茶业、茶叶加工业和运输业的发展作出了积极的贡献，有力地促进了我国中原地区和俄国西伯利亚地区社会经济的发展，加深了中华文化与俄罗斯文明的交流。2013年3月，习近平主席访俄时还提到，继17世纪的"万里茶道"之后，中俄油气管道成为联通两国新的"世纪动脉"。2019年3月22日，国家文物局正式同意将"万里茶道"列入《中国世界文化遗产预备名单》。

1863年，俄国商人在汉口设立顺丰砖茶厂

2. 俄国尝试引种茶树和自产茶叶　茶叶贸易在全世界范围内迅速流通，掀起了一股移植中国茶树试种的热潮。饮茶习俗在俄国流行之后，俄国人也一直寻找使茶叶俄国化的途径。

乾隆年间，因俄国商人破坏贸易秩序，清政府曾一度关闭恰克图贸易，此举令俄国茶叶价格暴涨。茶叶贸易巨大的利润吸引俄国当局和一部分经营茶叶的资本家尝试把中国茶树引入，从1814年开始在黑海沿岸的格鲁吉亚巴统、高加索地区尝试种植，但收效甚微。1833年，俄商购买茶籽试种于尼基特植物园内，由于该地气候、土壤、水质条件不适宜种茶，茶树生长不良，又把茶树移植到苏呼米和索格茨基的植物园及奥索尔格斯克的驯化苗圃内，驯化苗圃内的一部分茶树后被种植在米哈依·埃里斯塔维植物园，并在此采摘鲜叶仿照我国制法加工样茶，这是俄国学习我国制茶的开始。

汉口开埠后，俄国一方面通过轮船将汉口俄国砖茶厂的砖茶运回，一方面继续尝试引进中国茶树和制茶技术，发展本国的茶叶种植和生产。1884年，在圣彼得堡召开了一次国际植物园艺会议，一个名叫泽得利采夫的农学家在会上作了关于茶叶栽培的学术报告。出席会议的俄国人索洛左夫听了这个学术报告以后，激起很大的兴趣。当年，索洛左夫从汉口运回12 000株茶苗和成箱的茶籽，在外高加索的海港城市巴统附近开辟茶园，从事茶树栽培和制茶。但由于缺少种植技术，栽培的茶苗和茶种大多未能成活。

后来又有几位教授和农业专家到印度、锡兰、中国、日本等地考察，进一步提出发展俄国茶叶种植的计划。1889年，吉洪米罗夫等人又率领一支俄国考察团来到中国南方产茶省份。回国的时候吉洪米罗夫雇用了13名中国茶工，在巴统附近的查克瓦、沙里巴乌尔、凯普列素等地开辟茶园，并在沙里巴乌尔建立了一座小型茶厂。少量成活的茶树由于加工技术不佳，市场销路极差，致使生产处于停滞不前，这使俄国人进一步意识到聘请华人茶叶专家的重要性。

（二）"中国茶王"刘峻周传茶格鲁吉亚

1. 刘峻周格鲁吉亚首创植茶，宁波茶引种高加索　清光绪年间，俄国茶商、茶叶贸易公司经理康斯坦丁·谢苗诺维奇·波波夫经常往返于中俄间采购茶叶，为比较和挑选各地茶叶，他几乎跑遍了中国的主要茶区。除了采购茶叶，引进茶苗、茶籽回国发展本国茶产业也是波波夫的重要使命，为此他曾从湖北羊楼洞引去茶种由汉口托运到格鲁吉亚试种却没有成功。光绪十四年（1888），波波夫考察浙东地区，到达宁波等地了解茶树种植和茶叶加工制造技术。在宁波他结识了刘峻周的舅父，并通过其介绍认识了年轻友善的茶叶技工刘峻周。

刘峻周（1870—1939），祖籍广东肇庆。他舅父也是一位茶商，常到杭州、宁波等地采购茶叶。光绪十年（1884）前后，少年刘峻周随舅父到宁波学茶。他天资聪颖，勤奋好学，善于学习茶叶的采制、播种和管理技术，3年后升为厂长助理。

波波夫很快对这位年轻的厂长助理产生了好感，经常向他询问有关茶叶种植和加工方面的问题，刘峻周总是非常简洁易懂地作答，这令波波夫非常满意，他想到前几次引种各地茶叶未能成功的教训，认为光靠茶树、茶籽还不能保证引种成功，重要的是种茶、制茶的技师，于是很希望刘峻周能跟他去俄国发展茶叶生产。波波夫向刘峻周发出跟他去俄国发展当地茶叶生产的邀请。远离故土去往万里之外的陌生的异国他乡，对于刘峻周而言是一件需要深思熟虑的大事，考虑再三，年仅18岁的刘峻周没有答应波波夫的邀请与之同行。

5年之后的光绪十九年（1893），波波夫再度来到宁波，又正式向刘峻周发出邀请，希望他能够到高加索去发展种茶事业。此时的刘峻周已经担任茶厂副厂长，技术较为熟练，羽翼初丰的他也愿意冒险去海外闯一闯。他向波波夫提出，由他组织几位要好的技工一同前往。关于此事，刘峻周在写于1920年的回忆录《我生活劳动的五十年》中这样写道："我欣然接受了建议。一个新的国家吸引着我，在那里我将成为种茶的先行者。得到我去高加索的允诺后，波波夫托我为他未来的种植园购买几千公斤茶籽、几万株茶树苗。最后决定走的有12人：我、我的译员和10名懂得种茶制茶技术的华工。"

波波夫在宁波采购了数百普特茶籽和数千株茶苗，同刘峻周等12人从宁波南下广州，由广州沿南海经马六甲海峡至印度洋，再从红海经苏伊士运河至地中海，渡过爱琴海、黑海，历时数十天海上漂泊，于11月抵达格鲁吉亚巴统港。为保护数千棵茶苗存活，刘峻周和他的同事们在临行前做了充分准备，所携带的茶苗都带着泥土，并在旅途中定时用淡水浇灌茶苗。在茫茫的大海上，建立了一条与格鲁吉亚之间的种茶、制茶技术传播之路。

格鲁吉亚位于外高加索中西部山区，西部临近黑海，属于亚热带海洋性气候，温暖、湿润、多雨，风景秀丽，被称为"上帝的后花园"。波波头与刘峻周等人的第一期合同签订了3年，刘峻周凭着从宁波带去的茶籽、茶苗开始了在格鲁吉亚的茶叶种植试验。由于刘峻周等人的出色工作，从1893年起，黑海沿岸的茶叶繁育有了长足的进步，3年里，刘峻周带领中国茶工种植了80俄亩（约87.2公顷）的茶园，开始有了粗具规模茶叶种植园。按照中国茶厂的形式建立了一座小型茶厂，并配置了揉捻机、碎叶机、干燥机、分筛装箱机等制茶机器，以当地的原料生产茶叶，并在第三年手工制出了第一批茶。刘峻周把它寄给了在莫斯科的波波夫，他非常满意。

1896年，刘峻周等中国茶师的合同期满，这些从宁波带来的茶苗和茶籽已在当地生根安家，郁郁葱葱的茶园青翠嫩绿，一派生机勃勃的景象，刘峻周亲手建立起来的茶叶种植园已经粗具规模，扭转了几十年来在黑海沿岸种植茶树成活率不高的局面，在俄国引起了不小的轰动。由于刘峻周等试制茶叶取得的巨大成功，让波波夫十分不舍，他挽留并请求刘峻周考虑回国后能为之招聘更多的中国茶师再来俄国工作。

2. 刘峻周再度到格鲁吉亚创茶园，"茶叶之父"美名传天下 光绪二十三年（1897），刘峻周带着全家，包括母亲、妻子、义妹、5岁的儿子和刚出生不久的女儿，并招募了12名技工及家眷，带着从国内选购的茶苗、茶籽，还带来了中国的油桐、香蕉、柿子、竹子、棕榈等作物，大大丰富了当地的植物品种。在距离巴统14公里的恰克瓦，他们辛勤劳作，试种新茶，经过反复试验，终于成功选择出适合当地种植的茶树品种，后人称之为"刘茶"。很快，刘峻周等将茶园种植面积扩大至150公顷，从此黑海沿岸茶林漫山，格鲁吉亚成为茶叶基地，"刘茶"蜚声全俄。1898年，在恰克瓦建起第二座茶叶加工厂并开始生产砖型绿茶。1902年，茶厂在原有的基础上扩建新厂，开始生产高档茶叶。

为了发展种茶事业，刘峻周建议开办专业学校，让爱好植茶事业的人们在学校里免费学习。刘峻周的学生、种茶技师拉瑞奥·卡鲁柯瓦兹在70岁时回忆说："我们的中国朋友，以自己的实际行动教育大家。他们怀着极大的热忱，教我们为格鲁吉亚学会了重要的种茶技能。"1900年，刘峻周在波波夫庄园培育、生产的茶叶参展法国巴黎世界博览会，在中国茶叶缺席的情况下，"刘茶"一举荣获金质奖章，引起轰动。

刘峻周带领中国茶师在格鲁吉亚种植茶叶，在当地人们中引起热烈反响。农业大臣叶尔莫洛夫和皇室领地管理局农业专家克林盖尔两人对他十分器重，1901年，保荐刘峻周到皇室领地管理局任职，筹建卡柯夫皇室领地制茶厂，由刘峻周亲自担任厂长。在皇室领地管理局，刘峻周任职近10年。在皇室任职取得成功的同时，又在巴统近郊建了苗圃和茶叶工艺学校，毫无保留地将中国种茶、制茶技术传授给俄国人。

1901年前后，刘峻周及其家人在格鲁吉亚巴统市留影

因帮助俄国发展茶叶生产功劳卓著，刘峻周不仅受到俄国人民的爱戴，也受到了俄国政府的嘉奖。1909年，高加索总督沃伦佐夫·达什阔夫等视察卡柯夫茶园时召见了刘峻周，了解他的工作。由于刘峻周在种茶事业上的突出贡献，1909年，俄国政府授予刘峻周"斯达尼斯拉夫三等勋章"，据说"这是得到俄国奖章的第一个中国人，也是没有取得俄国国籍而得奖的第一个外国人"。1912年，刘峻周又荣获"俄罗斯亚热带植物展览会"奖。

1910年，刘峻周在恰克瓦茶场（摄影：谢尔盖·普罗库金·戈斯基）

十月革命胜利后，苏联政府重视发展茶业，刘峻周担任苏联政府国营茶厂经理，他继续全力以赴，为发展茶叶事业而努力工作。他在回忆录《我生活劳动的五十年》中曾写道："我是一个积有多年经验的种茶事业的创始人，当我听到苏维埃政权对于外高加索地方的种植茶叶事业特别关注，并且还决心认真发展这一事业的时候，我心里非常高兴。"

1918年春，土耳其军队占领了巴统，企图毁坏茶厂。刘峻周机智

1910年，巴统北部小镇恰克瓦，当地人在采摘茶叶，种植的茶树散布在起伏的山坡上（摄影：谢尔盖·普罗库金·戈斯基）

勇敢地率领工人武装保卫茶厂，坚持斗争两天两夜，最终击退了敌人，茶厂的全部财产得以保全。事后刘峻周在文章中写道："**我可以问心无愧地而且引以为豪地说，国内战争时期，在苏联国土上，从开战到结束，这是唯一保持完整的工厂。**"通过他与中国茶叶技师们的努力，进一步把茶叶种植扩大到南北高加索地区。

刘峻周自1893年应聘赴俄，一直在格鲁吉亚工作了30多年，但他一直保留着中国国籍，始终对祖国有着无尽的思念。30年间，他不仅成功地将中国茶树移植到俄国的黑海沿岸，而且先后将中国多种经济作物，特别是柑橘树等移植到俄国。1924年，恰克瓦茶厂划入苏联国有资产。同年，刘峻周与家人回到祖国，晚年定居在哈尔滨。他在回忆录中这样写道："我培养出来的千百万株茶树，高大的棕榈、柑橘、竹子、杨柳和美丽的洋槐，有如我自己的幼儿。但是这一切，都不能羁绊着我，不能打消我返回祖国的乡思。""回到祖国以后，当我看到美好的河山，娇艳美丽的花果，幽静的月明之夜和澄净的海水时，在我眼前，好像又出现了美丽的阿札里亚一样。"

在刘峻周工作满30年之际，为表彰其在高加索地区发展种茶事业所作出的贡献，苏联政府授予刘峻周"劳动红旗勋章"，后来还把刘峻周住所（在今格鲁吉亚内）开辟为刘峻周茶叶博物馆，以缅怀这位中国茶的传播者和为发展俄国茶叶生产作出杰出贡献的中国人。

1958年，格鲁吉亚出版了《来自远方的朋友》一书，汇集了刘峻周在格鲁吉亚活动的各种珍贵文献，并赞誉刘峻周是中格友好使者。刘峻周在格鲁吉亚开辟的茶叶种植和加工业持续发展，1991年，恰克瓦人民庄园茶厂归属格鲁吉亚国有资产。至20世纪90年代，格鲁吉亚已拥有6.23万公顷茶园，年产量超过50万吨，占苏联总产量的95%，除供应苏联各加盟共和国外，还出口至土耳其、德国等国家。2005年，恰克瓦茶厂由私营公司买下，成立恰克瓦茶业有限公司，生产的茶砖主要出口哈萨克斯坦和蒙古国。

刘峻周当年居所，现为"中国茶叶博物馆"

得益于刘峻周将宁波等地的茶种带到格鲁吉亚，俄国茶叶生产有了长足发展。至20世纪30年代，苏联茶园总面积达4.7万公顷，有茶叶加工厂37座。如今，俄罗斯仍有茶园约5 000公顷，大部分茶叶都种植在索契地区以及高加索山脉最西边的菲什特山上，冬季严寒，茶业发展受到很大限制。因此，几乎完全依靠进口茶叶来满足本国需求。

刘峻周开创了近代宁波至格鲁吉亚和俄罗斯的另一条"海上茶路"，他在异国不仅孜孜不倦的育茶植茶制茶，为当地培养了很多茶叶技术人员，还与当地人民结下了深厚的友情。他种植的是茶树，传播的是文化和友谊。如今，在俄式风格大大小小的工艺品、绘画、雕塑作品中，人们都能感觉到茶元素，独特的茶文化已经成为俄罗斯等地艺术创作的源泉。

在刘峻周种植茶树的格鲁吉亚，政府为吸引外资发展茶叶产业，出台了一系列优惠措施，如拨专项资金用于扶植本国茶叶生产企业、为茶叶生产企业设计长期发展规划、将茶叶产业列为免税特殊产业等。人们仍习惯将当地生产的红茶，称为"刘茶"，以表示对将中国茶叶传到格鲁吉亚的茶叶专家刘峻周的纪念。随着各国共同推进"丝绸之路经济带"建设，被格鲁吉亚人民引以为豪的茶叶定会继续飘香在高加索的土地上。

四、当代宁波茶人传茶国外

当代，宁波涌现出诸多代表性的茶人，他们或是远赴异国传播植茶技术，或是从事茶叶贸易将中国茶远销海外，不仅传播了中国的茶文化，更传播了中国人民的友谊。其中，最著名的要数宁波籍茶叶专家姚国坤赴马里共和国、巴基斯坦等国帮助当地发展茶产业的往事。

姚国坤，1937年10月出生于宁波余姚，1958年就读于浙江农学院，1962年毕业后留校任教。后就职于中国农业科学院茶叶研究所，任中国农业科学院茶叶研究所科技开发处处长、研究员，他还是硕士研究生导师和茶树栽培学科带头人。曾任中国国际茶文化研究会副秘书长、浙江茶叶学会副理事长、浙江茶文化研究会副会长等职。先后在浙江树人大学、浙江农林大学组建全国第一个应用茶专业、筹建全国第一所茶学院，发表著作80余部、论文240余篇，取得科技成果6项、获得国家和省部级科技进步奖4项，赴马里共和国、巴基斯坦等国担任顾问、组建实验中心，赴美国等十几个国家进行学术交流和讲座。

作为资深的茶学学者，姚国坤教授曾经以援外专家的身份，帮助多个亚非国家构建茶叶生产体系。在20世纪50—60年代，经过艰苦斗争，不少非洲国家赢得了独立，新生的非洲国家都面临着发展民族经济、振兴文化教育的艰巨任务。马里是非洲最早独立的国家之一，独立后立即与我国建交，我国政府多次派出专家组援助马里。1972—1975年，姚国坤以农业部派出中国专家身份，赴马里担任农村发展部茶叶技术顾问，与马里人民一起种茶，为非洲的茶业发展做出了贡献。

1. 初到马里，开展调查研究 1972年11月，应农业部援外所需，中国农业科学院茶叶研究所领导决定选调姚国坤去西非马里共和国从事茶业发展工作。36岁的姚国坤毅然响应国家安排，踏上了异国他乡援助茶叶生产。出使马里，姚国坤的主要任务是2年任期内完成中马双方签订的建设100公顷茶园，生产100吨茶叶的指标。

初到马里茶场，他便开始细致地调研，从田间管理到生产车间，以及相关设施，如水库、发电间等。经过调查，他发现马里地近赤道，终年炎日，没有春夏秋冬之分，只有旱季、雨季之别，茶树在一年的12个月都可生长，且茶树开花也长年不断，结出的茶果还能在茶树上发芽生长。在这种气候条件下，马里的茶树普遍长到2米左右高；加上每行茶丛间，都有一条宽30厘米、深20厘米的自流灌溉渠道，采茶甚是不便。此外，马里茶场地处撒哈拉大沙漠边缘，当地的茶园土壤砂粒达80%以上，保水性差，肥力低下。与此同时，他还一一拜访了马方相关人员并对接。此外，他还对马里的天气条件作了了解、记录与分析，思考如何完成这项援建任务。

2. 有的放矢，指导茶叶生产　针对导致马里茶场茶叶产量不高的主因，姚国坤有针对性地抓了3项措施。

一是加强茶园养护管理。针对马里的炎热天气，他提出在旱季要保证茶园的灌溉，确保旱季有水灌溉，这是确保茶树不致干枯，茶叶产量有无的大事情。

二是改善茶园土壤性质，提高土壤肥力，这是提升茶叶产量的基础。姚国坤利用分布在茶园周边的牧草，以及当地部落赶牛群时堆积的牛粪，经堆积发酵后，在每亩茶园行间埋堆肥（牧草加牛粪）50担。为了施好这次基肥，姚国坤首先听取马方技术人员的意见，才知在茶园里施用粪便在这里是破天荒第一次。当地人最大的顾虑是用牛的粪便给茶树施肥，将来长出来的茶叶会有臭味。于是，姚国坤只得先给他们讲解，打消茶农们的顾虑，他从牛粪发酵转换、营养吸收转化等原理，谈到茶树对养分的需求以及养分在茶树体内的转化情况。实践结果证实，茶树新梢生长的绿油油，加工而成的茶叶香气也提升了。施牛粪会使茶叶发臭之说，也就不攻自破了。

三是适时修剪，重新培养树冠。针对马里当地的茶树长得太高，人工无法采收的情况，姚国坤选择合适时间，拦腰剪去茶树地上部枝叶，抑制茶树向上生长，提高茶树侧枝生长势和新梢的发芽率。这项措施使得茶树要重新发芽生长，势必会出现一个收获空白期，因为修剪后整片茶园只留下光秃秃的树干，空档时间长达一两个月。

为了保险起见，姚国坤专门向当时专家组长作了汇报，先选择1公顷茶园作试验。谁知援建专家组领导。看到茶树修剪后，整片茶树只留一根根光杆，很少有几片叶子留下来，似火烧过一般，待到1个月后，还不见新枝萌发，他就着急了，专门去向经济参赞作了汇报，说姚国坤这个专家有理论但少实践经验，茶树修剪后至今长不出来，要他赶快采取补救措施。但姚国坤认为茶树修剪在国内是一项常规措施，只要留下的树桩不枯死，迟早会在树干上发出新枝来的。他隔三岔五地去检查这片茶树，大约2个月后的一天，参赞特地来茶场检查工作。晚饭后，参赞问姚国坤："小姚，听说你修剪的一片茶树快要枯死了，这是怎么回事？"其实，这时茶树新枝已萌发出绿油油一片，而且长得平整又有生气。姚国坤理直气壮地说："参赞，那片茶园长得很好，离这里不远，我们正好饭后边散步边去看看。"于是，姚国坤带领大家一行人走出专家大院前去茶园参观。此时，住在专家大院旁别墅群内的马方场长及技术人员见状也立马赶来。参赞指指这片改造后的茶园问他们："姚专家技术这么样？"包括马方场长在内的多名技术人员都竖起大拇指，说："姚，阿加伊戈斯佩，阿加伊戈斯佩！"意思是说姚国坤好，好得很！马方人员还说，这项措施还使采茶更方便、更容易了，茶叶产量也会提高。参赞听了开怀大笑，当即指示姚国坤要在全场推广。

姚国坤（中）与同事在马里法拉果茶场工作

3. 圆满完成援建任务，专家升级为顾问　原本约定姚国坤以援外专家的身份去马里工作2年时间，指导和发展马里法拉果茶场发展茶叶生产。待茶场移交给马方后，姚国坤的身份变为马方茶叶技术顾问。后因使馆工作需要，请姚国坤推迟回国。如此，他一直工作到1975年6月才回国，前后在马里工作了2年7个月。在马里期间，姚国坤超额完成了发展100公顷茶园和生产100吨茶叶产量的任务。回国后，《人民日报》还专门派记者来杭州采访姚国坤，并以《在马里工作的日子里》为题作了专题报道。

1982年4月，中国农业科学院茶叶研究所派遣姚国坤等同志前往巴基斯坦考察种茶和建立茶叶实验中心的可能性，为期4个月。姚国坤等人考察了巴基斯坦的茶叶种植，并为当地茶叶发展提出若干建议，从此，巴基斯坦开始发展自己茶园并生产茶叶了。

20世纪末以来，姚国坤先后多次去美国、日本、韩国、新加坡、马来西亚等国家，以及香港、澳门等地区，进行茶及茶文化讲座与交流，传播茶文化和饮茶知识，为中国茶文化走出国门、走向世界，做出了积极贡献。为此，姚国坤研究员荣获"中国茶行业终身成就奖""国际茶文化杰出贡献茶人""中华杰出茶人终身成就奖"等荣誉，是当代宁波茶人的杰出代表。

除了姚国坤研究员外，宁波人孔宪乐工程师也曾赴国外援建过茶叶项目，为谋求我国茶叶的生产贸易与国际科技合作，做出了不懈的努力并取得了卓著的业绩。孔宪乐，1932年出生于宁波北仑，1951年3月分配至浙江省茶叶公司，历任技术员、科长、副总经理、总工程师，兼任合资企业总经理等职。20世纪50年代曾赴越南、老挝等国，以及西非、南美洲等地开展过贸易与合作。1959年获越南民主共和国外国专家友谊奖章与证书。1967年参与考察设计的马里共和国锡加索茶厂成套援建项目，其产品获国际农业贸易博览会金奖，是我国当时100多个援外农业工程中最成功的三个项目之一。1992年，孔宪乐合作研究的课题获国家发明四等奖，1994年评为全国外贸系统茶叶生产和出口贡献突出专家。孔宪乐曾兼任浙江国际茶人之家理事长，浙江省茶叶学会副理事长，中国国际茶文化研究会常务理事、副秘书长等职，著有《中外茶事》《茶叶制造与审评》，主编《茶与文化》，合著、参编《饮茶漫话》《中国茶经》等，其中部分著作还被译为日、韩、英文出版，他在茶叶经贸、科技、文化等方面皆有所建树，为提高我国茶叶外贸出口做出了贡献。

后来，孔宪乐工作的单位浙江省茶叶公司进行了公司制改革，又于2009年完成股份制改革，成为供销社集体控股的混合所有制企业，即如今的浙江省茶叶集团股份有限公司（以下简称"浙茶集团"）。经过多年的发展，浙茶集团已壮大为集茶叶种植、加工、科研开发和国内外贸易于一体的农业产业化国家重点龙头企业，是中国最大的茶叶经营企业和全球最大的绿茶出口企业，30年保持茶叶出口量全国领先，拥有近十个涵盖行业不同领域的知名品牌，还是国内最为重要的抹茶生产企业之一。集团组建了20余家中外合资企业、独资企业、控股企业，在美国、日本、马里设有分公司，在乌兹别克斯坦、摩洛哥、阿尔及利亚和巴基斯坦等国设有代表处。

浙茶集团现任董事长兼总经理毛立民也是宁波人，出身于宁波石浦，茶学博士。毛立民早年主要从事茶叶国际贸易，奋斗在茶叶出口贸易的漫漫征程上，并推动了有机茶在中国的发展，曾牵头开展有机茶国际认证，率先填补我国有机茶国际颁证出口企业空白而载入联合国粮农组织调查年鉴，为中国茶叶的国际贸易做出了积极贡献。

掌舵浙茶集团后，凭借在有机抹茶加工领域的深厚积累，毛立民带领集团研发、加工和贸易团队，以抹茶复兴、东西部科技帮扶和产业高质量发展为主题开展了一系列研究和应用推广工作，取得了一系列成果。在毛立民的带领下，浙茶集团成为我国茶界第一家获得有机茶国际颁证出口的茶企，并被录入联合国粮农组织"有机食品和饮料"的调查报告年鉴，"骆驼牌"荣获全国茶叶行业唯一的"中国出口名牌"、连续七届浙江省著名商标。2017年，浙茶集团承担了由中国农业农村部与奥地利农林、环境和水利部在华共建的有机茶生产示范基地，收购了世界500强印度塔塔集团在安吉投资的塔塔茶叶科技全部股份。毛立民个人也先后获得中国茶叶行业年度经济人物、浙江省直属系统"十大创业新星""中国商业联合会科学技术奖""全国商业科技进步奖""国际杰出贡献茶人""浙江省农业科技先进工作者"等多项殊荣。

第五章 ◎

东方茶港的贸易之路

2017年5月14日，国家主席习近平在北京出席"一带一路"国际合作高峰论坛开幕式并发表主旨演讲，他在讲述古丝绸之路历史时提到，"宁波、泉州、广州、北海、科伦坡、吉达、亚历山大等地的古港，就是记载这段历史的'活化石'"。

作为中国最古老的和最早进行海外贸易的港口之一、"一带一路"倡议支点、中国对外开放重要门户的宁波古港，大量的遗存印证着其在漫长的"海上茶路"中留下的成长足迹。

一、宁波港的形成与演变

宁波港口变迁和东进大致经过句章古港、三江口岸、海洋港口三个时期，历经先秦、汉唐、宋元、明清等朝代。春秋时期称句章港，唐朝称明州港，元朝称庆元港，明朝开始称为宁波港，延续几千年而经久不衰，堪称千年古港。

据史料记载，吴越先民"以船为车，以楫为马，往若飘风，去则难从"。河姆渡文化遗址出土了独木舟残身和陶船模型以及6枝木桨，木桨的柄与叶采用槐木料制成，与现在使用的木桨形状差不多，说明在7 000多年前船就已经是宁波先民的重要交通工具了。

春秋战国时期，勾践筑句章城，为宁波港口由河姆渡转移到古句章提供了条件，开埠于公元前473年的明州句章港是宁波港最早的前身，是当时勾践灭吴后为发展水师增辟通海门户而建的港口。到了春秋时期，随着宁波平原的开发和生产力的发展，甬江流域出现了最早的港口句章古港，《鄞县通志·食货志》记载有云"周以来海道运输之要口"。句章港所带来的大规模、远距离航海活动，促成了宁波港口的首度崛起。

河姆渡遗址发现的舟

汉代，宁波仍被称为句章，因此港口仍称句章港，但其港区已由春秋战国时代的古句章移至三江口，并包括镇海、北仑等沿海地带。西汉元鼎六年（公元前111）东越王余善反叛汉廷，汉武帝派横海将军韩说率军队"浮海从东方往"，也就是从句章港出发，"元封元年冬，咸人东越"，"此浙江下海至福建之路"。这一次大规模的海上军事行动说明该时期从句章到东越的水道已相当畅通，句章港初具后世大港雏形。据后世的《宝庆四明志》记载，"古句章县在今县南十五里，面江为邑，城基尚存，故老相传曰城山旁有城山渡"，"句章渠水东人海，则所谓城山渡，即其渠也"。也就是说，该时期句章港是宁波地区主要港口之一，句章港在对外交通方面起着重要作用。

隋代开通了大运河，明州港可通过余姚江、浙东运河同大运河连贯而衔接江、淮、京、津，成为大运河东南延伸线与东海相连的关键交接点。唐代是明州港的正式崛起时期，明州港规模进一步扩大，在罗城鱼浦门附近已有固定的驳岸码头，从明州港北上的船只可到达扬州、泰州，南下则到达台州和温州。明州港的辐射能力也进一步加强，通过江河联运、江海联运，其"腹地已扩大到长江流域、钱塘江流域和运河沿线的华北平原"，成为与扬州、广州并列的三大国际贸易港之一，并开辟了通往朝鲜半岛、日本列岛和南洋等地的航线。天宝十一年（752），3艘日本遣唐使船在明州港停泊，标志着明州对日交往正式开始，由此明州港开始由国内贸易港转型为对外贸易港，与朝鲜半岛、日本的航运贸易日益频繁，经济联系日益密切，形成了对外交往的新格局。

（1）句章故城战国至西汉　　（2）句章故城唐宋时期卵石路面
时期木构建筑遗迹（局部）　　（局部）

勾章古城建筑遗迹（图片来自《甬城古港》）

值得一提的是，为了探索古代朝鲜半岛与明州港之间的航行线路，1997年6月15日，由4名韩国队员、1名中国队员组成的中韩跨海竹筏漂流探险队在朱家尖南沙海滩登上"东亚地中海"号竹筏缓缓驶离海湾。探险队员们在经历了一波三折险象环生的24天，实际航程3 000里以上的海上历险以后，终于在7月8日到达了韩国的仁川港，完成了人类文献记录中前所未有的壮举，为中韩友好交往史写下了浓墨重彩的一笔。中韩跨海竹筏漂流不仅是一次现代人用原始工具和原始手段与远古进行历史性对话的创举，验证了浙江地域与韩国自古以来海上交往的历史，而且对浙江省与韩国的现实交流合作也意义深远。

两宋时期为宁波港发展的鼎盛时期，海上贸易有了较大的发展。面向日本、高丽、东南亚、西亚乃至地中海、非洲诸国的贸易往来，促进了明州区域经济的进一步发展，明州港成为当时与泉州、广州并称为"海上丝绸之路"的三大对外贸易港口。

北宋时期，中央政府在明州设立市舶司（今江厦公园内），管理对外海运贸易事务。海外诸国的通商船从明州港入境后，船舶靠岸先到市舶司申报和查验，然后到府衙所在地鼓楼去盖章、领取通关文书，市舶收入成为国家财政重要来源之一。

为应对日益频繁的高丽使臣和规模日趋庞大的高丽商团，北宋政和七年（1117），在明州设置"高丽司"，管理与高丽往来的有关政务。高丽使团、商团来宋，大都以金、银、土产换回丝绸、茶叶、彩帛、珍珠、书籍等。高丽使馆的建立，使双方在政治、经济、文化各个层面得到更加广泛的交流，双方人员特别是商人之间的往来合法有序，还扩大了明州造船业、航运业的规模，促进了"海上丝绸之路"的繁荣和区域经济的发展。如今，位于镇明路宝奎巷口的高丽使馆遗址就是这段历史的见证，也是迄今为止全国唯一保存的高丽使馆遗址。

南宋明州港不仅在北宋基础上进一步拓展，更为重要的是，通过明州港对外交往的范围不断扩大。南宋时期，明州除继续与日本、高丽进行友好往来和通商外，对外贸易的对象又扩展到东南亚、波斯湾、北非及阿拉伯等。海外诸国的入贡与通商均从明州港入境，使南宋时期明州港的对外贸易也达到新高度。南宋初年，明州已经出现"万里之舶，五方之贾，南金大贝，委积市肆，不可数知"的繁盛局面。域外文化不断流入明州。由于阿拉伯商人在明州经商的人数不断增加，不少人甚至长期寓居明州，因而在明州也出现了专门接待阿拉伯人的波斯馆，伊斯兰文化开始进入明州，明州清真寺和波斯巷就是这一历史时期与阿拉伯人通商贸易的重要标志。

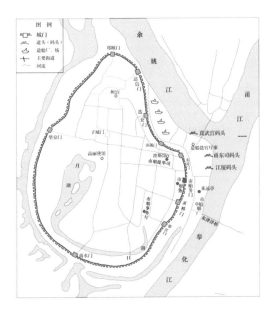

宋代明州市舶遗址示意图

宁波高丽使馆遗址

元军占领明州后，将明州府更名为庆元府，同年又改庆元路，明州港由此也随之更名为庆元港。由于元代海道漕粮运输的勃兴，庆元港出现海漕码头，在运粮千户所（今新江桥北堍西侧）北面的余姚江边置有海漕码头，即甬东司道头。元初在全国设置了七个市舶机构，庆元（宁波）始终是元代在东南沿海对外贸易的一个重要港口，温州等几个在浙的市舶建立不久便归并入庆元。元代庆元港口贸易的扩大不仅带动了当地商品经济进一步发展，而且使庆元民众对海洋的依存度进一步提高，这个特殊的历史情况对庆元港的发展，尤其是对茶叶、瓷器外贸的上升起到决定性的作用，而元代地方大型仓库遗址永丰库的存在从侧面反映了明州庆元港商贸的繁盛。

宁波市区掘出南宋大海船（2004年1月5日《钱江晚报》报道）

　　永丰库遗址位于宁波市中山西路北侧唐宋子城遗址内，是一座宋、元、明时期大型衙署仓储遗址，是我国首次发现的古代地方大型仓库遗址。出土的大量贸易陶瓷，汇聚了我国宋元时期大江南北不同区域的著名窑系，不仅反映了宋元时期明州庆元港繁荣的历史真实，而且充分表明宁波是我国古代"海上丝绸之路"的重要贸易港，其发现、发掘，为确认宁波为我国元代第二大对外贸易港口城市在考古学上提供了重要实据。

三朝古仓相互叠压 宋元名窑瓷器汇集

宁波永丰库遗址考古有重大发现

本报宁波12月8日电（通讯员 南华）12月5日，宁波市文化局向外发布了宁波发现"隐居"地下700多年的元代永丰库遗址的消息（本报12月6日曾作报道）。今天，考古专家在对永丰库遗址作进一步考察后确认：永丰库遗址所在地从宋延续至明代均为重要的仓库遗址，已形成布局相对完整的遗迹群。而元代永丰库是至今已发现的保存最好和最完整的遗址。它具有建筑构造独特、文化堆积层复杂、几乎集国内窑器之大成等三大特点。

永丰库遗址文化堆积层关系复杂，叠压年代从汉代、两晋、唐、宋、元、明直至近现代。发掘中，出土规模最大的遗迹为1300多平方米的长方形大台基，保存最完整的1号单体建筑基址叠压其上，四周墙体建筑法奇特：墙体底部紧密排列着中间镂孔的方形块石，组成一个长方形的建筑基础，像这种类型的古建筑构造在我国还从没发现过。在1号基址上还清理出叠压并

利用其作为基础的另一晚期建筑遗迹，初步断定为明代的宏济库。由此看来，这里是宋元明三朝古仓相互叠压的地方。

专家认为，永丰库遗址所在地现已形成布局相对完整的遗迹群。而永丰库遗址作为迄今国内发现的最大元代单体建筑遗址（因元代仅98年历史，遗留很少），它独一无二的构造，成了我国新发现的惟一构造实例，对中国古建筑史的研究具有十分重要的意义。

这次在永丰库遗址出土了珍贵的唐代波斯孔雀蓝釉陶片，这是继福州、扬州之后我国的第三个发现地。另外，还出土了大量越窑、龙泉窑青瓷、福建、景德镇窑系的影青瓷、定窑、德化窑的白瓷、建窑的黑釉盏、兔毫盏，以及磁州窑、仿钧窑、磁灶窑和吉州窑等产品，几乎汇集我国宋元时期著名窑系的产品。专家分析，永丰库遗址所在地，为南宋延续到明代的衙署仓储机构。由此推断，这里也可能是"海上陶瓷之路"外销陶瓷的集结地。

图为遗址中出土的北宋越窑青瓷碗。　裘晓波 摄

图为永丰库遗址奇特的墙基（部分）。　裘晓波 摄

宁波永丰库遗址考古有重大发现（2002年12月9日《浙江日报》报道）

永丰库遗址全景

永丰库遗址

明朝建立后，于1367年改庆元路为明州府。明洪武十四年
(1381)，朱元璋又改明州府为宁波府，明州港即名宁波港。明朝政
府实行海禁，"寸板片帆，不许下海"，禁止国民出洋贸易，宁波港
对外贸易受到严重冲击。虽然后来实行朝贡贸易，宁波港被指定为接
待日本贡船的唯一港口，但"争贡"事件发生后，嘉靖帝下令关闭宁
波、泉州、广州市舶司，从而断绝了与海外的贸易往来，宁波港由此
衰落。

清朝建立后依然厉行"海禁"，宁波港发展步履维艰。一直到清康
熙二十四年（1685）才在宁波设浙海关，下辖宁波、乍浦、温州三个
港口。康熙三十七年又在宁波和定海各设浙海分关，宁波成为清初四
大开放港口之一，这一举措为宁波港发展带来了契机，港口贸易方得
以缓慢恢复。鸦片战争后，清政府战败被迫签订了不平等的《南京条
约》，宁波被列为"五口通商"口岸之一，于1844年1月1日正式开埠，
港口从三江口江厦一带向江北岸延伸。"五口通商"后，随着上海港的
崛起和其他因素，宁波港渐渐失去了往日的辉煌，地位一度被上海港
取代而成为其副港。

中华人民共和国成立后，宁波港重焕生机，进入空前高速发展阶段。1959年建设姚江大闸，1973年建设镇海新港区，宁波港由此从内河走到河口，1979年新建北仑港区。特别是改革开放后，宁波港的发展迈上新的台阶，实现了从内河港到河口港再到海港的跳跃式发展。2005年成立了宁波—舟山港管委会，启动了宁波—舟山港一体化建设。2015年9月，宁波港和舟山港合并，不仅成为国家综合运输体系的重要枢纽，而且实现从一地之港发展至区域之港、全国之港乃至世界之港的飞跃，合并后的宁波舟山港已经成为"气吞五洲货、门泊四海船"的全球吞吐量最大的港口。2021年，宁波舟山港完成货物吞吐量12.24亿吨，同比增长4.4%，连续13年保持全球第一；完成集装箱吞吐量3 107.9万标箱，同比增长8.2%，仍位列全球第三，继续书写着千年古港的辉煌篇章。

二、宁波港茶叶贸易概况

（一）晚清前的茶叶贸易集散中心

唐代"安史之乱"后，全国经济中心南移，"海上丝绸之路"兴起，加上朝鲜半岛"新罗梗海道"等原因，中国对外交通史上的北线航路，转为以南线为主，明州的海外交通迅速崛起。明州港成为与日本、朝鲜半岛等东南亚国家和海外各地交往的主要港口和重要的茶叶航运集散中心。"唐代海外贸易渐兴，有市舶使之设，置务于浙，鄞亦隶属焉"，至唐晚期，明州港已跻身中国四大港口之列。

北宋宝元元年（1038）明州商人陈亮和台州商人陈维绩等147人，远航到高丽经商，带去大量明州等地特产，明州名茶也开始运到高丽。

元明时期，宁波作为茶叶外销重要港口的地位依旧。明初实行海禁，以致"海外商旅不通"。宁波港随即转向成为南北货转运枢纽和转口贸易港，茶叶贸易基本停滞。

明代海禁森严，禁止一切商民船只私自入海，甚至有"寸板片帆，不许下海"之说。清初实行迁海政策,《迁海令》实行长达40年之久,使数百年来的航海成就毁于一旦,东南沿海各港口的航海贸易一落千丈。虽中期实行限制性"开海禁",宁波港的茶叶进出口贸易有所减弱,但直至晚清,宁波仍然是绿茶贸易的集散中心。

17世纪中叶以来,中国茶主要经由英国东印度公司通过广州贸易和走私贸易而输入英国。宁波口岸茶叶对外贸易,在"五口通商"前已有记录。18世纪初,已有少数外国船只来宁波贩运茶叶。1700年,英国船只"伊顿号"在宁波购买茶叶用银0.8万两,按时价25两/担计,约合茶叶320担。1701年,开赤普尔在宁波订购了一批价值24.55万两的货物,其中茶叶货值0.8万两,茶叶仅占总货值的3.26%。1702年,英国在舟山岛(当时属宁波辖地)设立贸易站,收购茶叶。由于市面茶叶销量增加,英国东印度公司的离船常常满载茶叶而归,因在舟山买茶比别处便宜很多,其中松萝茶便宜三分之一,圆茶便宜六分之一,武夷茶便宜七分之一。1757年后,清政府规定广州为唯一外贸港口,宁波茶仍有输出。从清廷上谕"著福建、安徽及经由入粤之浙江三省巡抚,严饬所属,广为出示晓谕,所有贩茶赴粤之商人,俱仍照旧例,令由内河过岭行走,永禁出洋贩运"可知茶叶海运数量之多。

(二)近代绿茶贸易的主要通道

1842年8月,英国迫使清政府签订了《南京条约》,准许英国在中国沿海的广州、福州、厦门、宁波、上海五处港口贸易通商,即"五口通商"。1844年1月1日,宁波港正式开放通商,但开放初期,定海仍被英国人占据,外籍商船多停靠与定海,经宁波港所进出货物并不多。

从19世纪60年代起,宁波港的口岸贸易进入曲折波动的发展期。由于上海港的快速发展,宁波港的贸易逐渐萎缩为上海的附属口岸。浙北杭嘉湖地区所产的生丝和浙东绍兴地区所产的平水茶,在上海港开埠之前全部经由宁波港直接出口，上海港开埠之后则大部分转运到上海再行出口。"迄五口通商以后，平茶出口咸由宁波而趋上海矣。"随上海港和杭州港的发展，赴宁波港贸易的商号和商船数量逐年减少。道光三十年（1850），宁波的南北号商行只剩下了20多户，共有木帆船100余艘。至咸丰三年（1853），宁波"航海贸易之人，大半歇业；前赴南北各洋货船，为数极少"。

向伦敦运输茶叶的快剪船

1855年，太平军逐渐从浙西攻打至浙东，与清军在浙东展开拉锯战，绿茶产区运输至上海路线被切断，一些上海洋行开始在宁波设立分行以获取茶叶，并利用轮船往来于宁波、上海和香港等口岸，因此宁波港的茶叶出口量开始增加。1859年，通过宁波口岸出口的茶叶量为60吨，至1860年增长到968吨。

近代，宁波港走过的道路比较曲折，虽然从茶叶出口数量上看，宁波无法与上海、广州、福州、厦门等茶埠抗衡，但1860年以后它依然是浙东茶，乃至皖南甚至部分赣东北茶叶向外传播的主要通道。

1843—1860年宁波与其他四口岸茶叶出口数量

单位：吨

年份	上海	广州	福州	厦门	宁波	年份	上海	广州	福州	厦门	宁波
1843	—	8 044	—	—	—	1852	21 228	16 148	—	—	—
1844	544	31 450	—	—	—	1853	22 559	13 487	2 722	—	—
1845	1 754	34 655	—	—	—	1854	16 390	21 894	9 314	—	—
1846	5 625	32 478	—	—	—	1855	34 776	7 560	7 137	—	—
1847	7 197	29 151	—	—	—	1856	19 475	13 789	18 567	—	—
1848	7 137	27 337	—	—	—	1857	20 745	8 891	14 455	—	—
1849	9 253	15 785	—	—	—	1858	20 624	11 068	12 701	1 814	—
1850	12 277	18 204	—	—	—	1859	17 781	11 431	1 996	1 996	60
1851	24 615	19 172	—	—	—	1860	24 252	15 906	19 233	3 266	968

数据来源：陈慈玉《近代中国茶业之发展》。

注：单位由千担换算为吨，1担＝60.5千克。

从1861年第二次鸦片战争开始，至1872年的12年间，宁波口岸的茶叶出口量快速增长。根据陈慈玉在《近代中国茶业之发展》的记载，通过宁波港外销的茶叶1861年仅出口3 145吨，此后的10年出口量一直增长，到1872年茶叶出口量达到顶峰，为11 007吨。自1873年至1894年甲午战争的22年间，宁波口岸的茶叶出口量虽有一定下降，但大多保持8 000～10 000吨，其中1878年下降到6 532吨，1893年出口量达到历史最高值，为11 128吨。

1861—1894年宁波茶叶出口数量

单位：吨

年份	出口量	年份	出口量
1861	3 145	1864	3 568
1862	—	1865	4 355
1863	2 177	1866	6 229

年份	出口量	年份	出口量
1867	7 016	1881	9 858
1868	7 560	1882	8 649
1869	8 891	1883	7 681
1870	8 951	1884	9 495
1871	9 919	1885	10 161
1872	11 007	1886	9 012
1873	9 495	1887	8 104
1874	9 556	1888	9 495
1875	7 802	1889	9 556
1876	7 620	1890	9 253
1877	8 951	1891	9 616
1878	6 532	1892	9 858
1879	7 932	1893	11 128
1880	9 253	1894	9 798

数据来源：陈慈玉《近代中国茶业之发展》。

注：单位由千担换算为吨，1担=60.5千克。

　　从甲午战争结束后的1895年开始至辛亥革命推翻清王朝的1911年的16年间，中国茶叶出口量总体滑坡，宁波口岸的茶叶出口量也随之减少。1895年、1896年每年茶叶出口量在1万吨以上，1897年开始宁波茶叶出口量还不到5 000吨，以后最高也仅达7 000吨。

1895—1912年宁波茶叶出口数量

单位：吨

年份	出口量	年份	出口量
1895	11 491	1897	4 536
1896	10 765	1898	3 266

年份	出口量	年份	出口量
1899	4 778	1906	5 080
1900	4 173	1907	6 471
1901	3 629	1908	6 471
1902	5 685	1909	6 048
1903	6 955	1910	6 834
1904	59 271	1911	7 018
1905	5 322	1912	6 957

数据来源：陈慈玉《近代中国茶业之发展》。

此后至民国时期，因战事连绵，茶业生产凋敝，宁波港茶叶对外
贸易停滞。据民国二十六年出版的《中国茶业》中记载，浙江省每年
由宁波、杭州、温州三大商埠出口的茶叶数量，占到全国各港口茶叶
出口量的21%～27%，出口额占23%～40%，由此可见当时宁波港茶
叶出口在华茶出口中的重要地位。

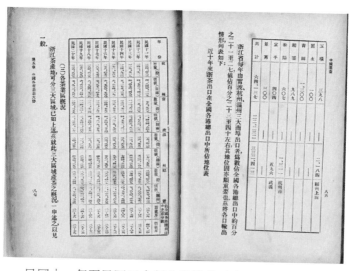

民国十一年至民国二十年宁波港茶叶出口量与出口额

（三）现代华茶出口的重要港口

20世纪50年代开始，茶业生产得到恢复和发展。与此同时，宁波港也得到新生。中华人民共和国成立后，宁波港进入高速发展时期，作为宁波港传统的出口商品茶叶，总体上也保持了稳定快速向上的发展势头。茶叶对外贸易不断兴盛。

1959年开始，宁波口岸有茶叶出口，当年从宁波口岸出口茶叶60吨；1960年出口茶叶968吨。此后，随着宁波港的日益发展，经宁波港出口的茶叶量亦呈现增长趋势。至改革开放后，宁波港口快速发展成为现代化国际大港。

21世纪，宁波作为"海上茶路"的重要港埠又呈现新的优势，宁波口岸茶叶出口量逐年增加，多年位居全国第一，每年通过宁波口岸的茶叶出口量和出口值均占全国茶叶出口总量的40%以上，为我国茶叶的外销之路"插上了翅膀"，"千年茶港"的贸易优势越发明显。

宁波的茶叶出口以大宗绿茶（珠茶、眉茶）为主，65%以上销往非洲地区。2006年，全国茶叶出口量28.67万吨，出口额5.47亿美元，平均1.91美元／千克。宁波口岸茶叶出口量10.46万吨，居全国第一，出口额2亿美元，分别占全国茶叶出口总量、出口总金额的36.48%和36.56%。2009年宁波口岸出口茶叶12.6万吨，出口额2.9亿美元，茶叶出口的平均价格为每吨2 341美元。其中，出口绿茶12.5万吨，同比增长8.4%。

2011年，全国茶叶出口量32.26万吨，出口额9.65亿美元。其中，浙江茶叶出口量17万吨，创汇4.86亿美元，占到全国出口总量的53%和全国出口创汇的50%，而这些出口的茶叶和换取的外汇，40%以上是通过宁波港实现的。2020年，宁波口岸出口茶叶2.95万吨，出口额7.62亿元，同比分别增长14.22%、26.74%。

不仅茶叶出口量屡创新高，宁波港的航运能力也与日俱增。2010年，宁波舟山港完成货物吞吐量6.3亿吨，跃居世界第一；2015年，宁波舟山港完成货物吞吐量8.9亿吨；截至2017年12月，宁波舟山港年集装箱吞吐量突破2 460万标箱，年货物吞吐量超过10亿吨，成为全球首个"10亿吨"大港，连续9年位居世界第一，取得了举世瞩目的成绩。

7 000多年前，河姆渡先民划桨行舟，宁波有了港口雏形。古代"海上丝路"由宁波港出发，远抵亚非欧。茶香浮动，万商云集，贾舶交至，几度兴衰。如今，时代巨变，港城转型，东方古港焕发出新的蓬勃生机。地处"丝绸之路经济带"和"21世纪海上丝绸之路"的交汇点，背靠长三角经济圈的宁波舟山港，已与世界上200余个国家和地区的600多个港口开通了海上航线，300多条集装箱航线勾画出一张港通天下、岸接全球的海上航运贸易网。从这里出口的茶叶，源源不断地输往世界五大洲70多个国家和地区，出口数量约占全国茶叶出口总量的40%，续写了"千年茶港"通达天下的华丽新篇章。

三、海上陶瓷之路的东方起点

唐中期以前，陆上丝绸之路曾是中国对外经贸文化往来的主通道。唐末安史之乱与经济中心南移等原因，促使海上丝绸之路逐渐兴起。两宋时期面对内忧外患，为了维护政局稳定、发展国内经济，积极支持海上贸易，制定了促进航海贸易的经济政策，海上丝绸之路顺理成章地成为中国对外经济贸易的新通道。海上丝绸之路渐兴，给明州等沿海港口城市带来了前所未有的发展机遇。中国商人开始活跃在亚洲的各条航线上，中国的丝绸、瓷器、茶叶、铁器等向外输出，而西方的香料、宝石等传入中国，在日益密切的往来中，瓷器逐渐成为海外贸易的大宗商品。自唐代中期开始，宁波港也成为中国瓷器，特别是茶具和越窑青瓷出口的主要港埠。

据专家考证，越窑青瓷始于东汉，盛于唐宋，历经一千余年。早在东汉时期，宁波地区就是青瓷的发源地，上虞、慈溪、宁波等地都曾发现东汉瓷窑遗址田。到唐代，我国制瓷业形成了南方越窑青瓷和北方邢窑白瓷两大系统，世称"南青北白"，邢瓷类银，越瓷类玉，为世人所珍，而当时越窑系统青瓷的烧制中心就在余姚上林湖一带（今慈溪市）。

唐中期以后，明州、越州的制瓷业不但产量位居全国第一，且产品质量也极佳，越瓷窑群密布在毗连几十里方圆的林湖、杜湖、白洋湖畔及四周邻县。所产越窑青瓷产品种类繁多，以茶具最具特色，有茶碗、茶托、执壶、杯等。茶碗或茶盏被称作瓯，造型以花式居多，有葵花式、荷叶式、海棠式等。碗也是越窑青瓷茶具中常见之物，茶圣陆羽在《茶经》中以"类冰""似玉"赞美其品质高雅，色如玉而不浮光，质如冰而不流俗，并将越窑列为全国名窑之首——"碗，越州上，鼎州次，婺州次；岳州次，寿州、洪州次……若邢瓷类银，越瓷类玉，邢不如越一也；若邢瓷类雪，则越瓷类冰，邢不如越二也；邢瓷白而茶色丹，越瓷青而茶色绿，邢不如越三也"。其中，被陆龟蒙称赞为"九秋风露越窑开，夺得千峰翠色来"的"秘色越瓷"更是越窑青瓷中的最佳代表，它工艺精湛，胎质细腻，釉色晶莹青绿似翡翠碧玉，温润典雅，为历代皇家贡品。

遗憾的是北宋末年，由于朝廷在北方自设官窑，皇家定制的越瓷器具大量减少；汝窑、均窑、定窑等名窑先后崛起，越窑的贡品份额日渐分化；加之缺少工艺创新，名重一时的越窑青瓷

上林湖边遗存的大量越窑碎瓷

逐渐衰落、消亡。如今贝壳般大量堆积在上林湖中的瓷片，成为当年越窑青瓷繁荣兴盛的象征。

越窑青瓷的大量烧造，在满足内销的同时，亦往往进行贸易输出。这些瓷窑的产品运输大多通过漕运，顺江而下集中到三江口一带，出甬江入东海。1973—1975年，研究人员对宁波市区和义路、东门口进行考古发掘，在宁波和义路濒临姚江南岸的码头遗址发现了唐、五代、宋明州城门遗址和造船遗

宁波和义路码头遗址出土的唐代越窑荷叶带托茶盏

址，并出土了900多件文物和一艘龙舟遗物。其中，出土的大量唐代珍贵文物不仅有碗、壶、瓶、盘、碟、灯盏、罐、钵、水盂等为主的越窑青瓷，还有一批长沙窑器物，也是国内迄今出土越窑青瓷中数量最多的一批。长沙窑瓷器在明州港遗址的出土，不仅反映了明州港腹地的扩大和繁荣，吸纳各地瓷器货物汇集在此为远洋外销而备，也说明明州港是唐、五代和北宋越窑青瓷输往海外的最主要港口。

以核心产地上林湖为代表的诸多越窑青瓷出窑之后，装船通过内陆河网进入余姚江河道，抵达宁波三江口之后，再换载大型外洋船出甬江口，远销世界各地。除直航日本、朝鲜半岛外，还经三佛齐（印度尼西亚）这个中转大港，经过东南亚、南亚等国港口，到达亚丁、三兰（达累斯萨拉姆）、达勿斯里（开罗）等地，成为当地人民的生活必需品。惊人的出口数量、常销不衰的需求量、不断进步的设计和制作技艺，使其成为全球性贸易商品。一件又一件的外销器瓷借着明州港的近水楼台之便，伴着波涛来到异邦，运输外销瓷器的航线成为著名"海上陶瓷之路"。

大量越窑贸易青瓷通过"海上陶瓷之路"行销海外，至今在海外考古发掘和博物馆收藏中，仍有难以计数的越窑青瓷遗存。在亚非各国中世纪的都城、枢纽港口，贸易集散地遗址，佛教、伊斯兰教的寺院和祭祀遗址，宫殿建筑以及贵族墓葬等遗址中，都发现了出自慈溪上林湖与鄞州东钱湖窑场生产的越窑青瓷，成为"海上陶瓷之路"的重要物证。

贸易沉船是海洋贸易兴盛的历史印记。由于各种海难事故，在宁波通往世界各地的海上茶路上，沉睡着不少因沉船或落水的珍宝，使外销的越窑青瓷犹如珍珠般散落在航道上，成为研究海上丝绸之路与东西方经济、文化交流的重要资料。

"黑石号"沉船发现的越窑刻花碗

1998年秋季，印度尼西亚渔民在爪哇海域的勿里洞岛附近捕鱼时发现"黑石号"沉船，后由德国打捞公司打捞出水。"黑石号"沉船承载着目前海外发现最精美、体量最大的一批唐代文物遗存，在印度尼西亚爪哇海域沉睡1 100年之后，面世示人。该船由中国出发，具体始发港为何处尚无定论，装载着经由东南亚运往西亚、北非的中国货物。在这艘唐代的商贸船中，发现有67 000余件贸易品，其中56 000多

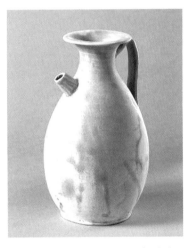

"黑石号"沉船发现的越窑执壶

件为长沙窑、邢窑瓷器和部分越窑青瓷，其中有古越州（绍兴）今宁波上林湖一带所产越窑青瓷精品250余件。2003—2005年，当地共打捞

出水文物49万件，其中的瓷器绝大多数是越窑青瓷，其数量巨大，至少在30万件以上。

印度尼西亚爪哇井里汶海域沉船打捞出水的越窑青瓷茶碗

在日本，明州商团登岸、居住和贸易的鸿胪馆（平安时代日本接待外交使节及商人的设施，后变身为唐宋商人的贸易馆）遗址中出土了2 500多个青瓷片，这里不仅是入唐的日本商船的扬帆启航地，也是从

日本大宰府鸿胪馆遗址

明州来日贸易的目的地港；西部沿海地区共发现近50处有越窑青瓷的遗址；奈良法龙寺保存着一个高26.4厘米、口径13.6厘米、底径10.1厘米的越窑四系壶，京都仁和寺出土有唐代的瓷盒，立明寺也发现有唐代的三足腹等；平城京遗址出土有敞口斜直壁、窄边平底足碗；于治市发现双耳执壶；此外在福冈久米留市的山本、西谷等地也有出土。

日本大宰府出土的唐五代越窑青瓷

在朝鲜江原道原城郡法泉里3至4世纪的墓葬里，出土了越窑青瓷羊形器。百济第二代首都忠靖南道公州发现的武宁王陵，出土了越窑青瓷灯、四耳壶六角壶等器。在新罗首都庆州古新罗时代的墓葬里出土了越窑青瓷水壶。1940年，在开城高丽王宫发现北宋早期越窑青瓷碎片；在忠清南道扶余县扶苏山下发现有早期宋代越窑青瓷碟。此外，在菲律宾、泰国甚至开罗都出土有越窑瓷器或越窑残片等。

世界各地海底打捞发现的越窑青瓷和海外考古发掘说明，宁波港除了是茶叶出口的重要通道，还是我国瓷器茶具外输世界各地的主要港口，堪称"海上陶瓷之路的东方起点"。

此外，随着越窑青瓷的海上丝绸之路拓展，越窑的制瓷技术也得到传播。10世纪前半叶，越窑的制瓷技术传到了朝鲜半岛全罗道康津与全罗北道扶安等地，朝鲜因此烧制出了"制作工巧，色泽尤佳"的

"翡色"瓷器，并且迅速发展成为青瓷的输出国。目前，朝鲜半岛仍存有丰富的属于浙东越窑类型的遗址遗存，日本也有仿制越窑青瓷的瓷器被发掘出现，越窑青瓷制作技艺在海外的传播促进了世界陶瓷工艺的发展。

四、结 语

国家历史文化名城宁波拥有 8 000 年人类活动史、2 500 年港口发展史、1 200 年中心城市建设史，这里是中国大运河南端出海口，也是古代海上丝绸之路始发港之一。河姆渡、田螺山史前人类文明遗址，天一阁藏书楼、东方大港宁波港等彰显了其深厚的文化积淀，名闻遐迩的海上丝绸之路与宁波紧密相连。唐、宋时代，宁波（明州）是中国对外交往的主要港口，茶叶、茶具、丝绸等物产源源不断输到世界各地。作为"海上茶路"的启航地，自史籍最早记载的805年向日本输出茶叶、茶籽以后，宁波茶种还远播印度、俄国和格鲁吉亚。宁波天童寺、阿育王寺等是东北亚千余年来佛教文化的交流中心和禅茶文化东传日本、朝鲜半岛的源头，明州高丽使馆今遗址尚存。历时1 200余年，宁波一直是中国茶叶、茶具出口的主要港口，全盛时期有"半壁江山"之誉。上林湖越窑遗址见证了瓷器贸易的千年历史，茶因瓷而飘香四溢，瓷因茶而声名远播。

海上茶路，甬为茶港。悠久灿烂的宁波茶文化，得天独厚的港口条件，茶韵与名港珠联璧合、相得益彰，使宁波成为举世公认的"海上茶路"启航地，也造就了港城宁波千百年来的持续辉煌，必将在新时代继续谱写宁波茶产业和经济社会高质量发展的新篇章。

参考文献

艾丽斯·麦克法兰，2016．绿色黄金．扈喜林，译．周重林，校．北京：社会科学文献出版社．

艾梅霞，2006．茶叶之路．范蓓蕾，郭玮，张恕，等，译．北京：五洲传播出版社．

白芳，2006．宁波与海上丝绸之路．北京：科学出版社．

卞廖沙，2001．中国茶王在外高加索——刘峻周在俄国种茶的故事．俄罗斯文艺（3）：51-55．

仓泽行洋，2006．中日茶文化交流及其必经之路宁波港//宁波茶文化促进会．2006宁波"海上茶路"国际论坛论文集．香港：中国文化出版社．

曹建南，2014．日本茶祖荣西的传说与崇拜//宁波茶文化促进会，宁波东亚茶文化研究中心．"海上茶路·甬为茶港"研究文集．北京：中国农业出版社．

曹建南，2019．南浦绍明和日本茶道文化．农业考古（2）：232-238．

陈椽，1982．茶树栽培史初稿．茶叶科学简报（1）：10-13．

陈慈玉，2013．近代中国茶业之发展．北京：中国人民大学出版社．

陈慈玉，2017．生津解渴：中国茶叶的全球化．北京：商务印书馆．

陈建彬，2017．近代宁波港贸易发展研究（1844—1911）．杭州：浙江师范大学．

陈文华，2006．中国茶文化学．北京：中国农业出版社．

陈宗懋，杨亚军，2011．中国茶经．上海：上海文化出版社．

丁以寿，1997．日本茶道草创与中日禅宗流派关系．农业考古（2）：290-294．

董尚胜，王建荣，2003．茶史．杭州：浙江大学出版社．

龚建华，2002．中国茶典．北京：中央民族大学出版社．

关剑平，2001．茶与中国文化．北京：中国农业出版社．

关剑平，2009．文化传播视野下的茶文化研究．北京：中国农业出版社．

关剑平，2010．禅茶：历史与现实．杭州：浙江大学出版社．

郭孟良，2002．中国茶史．太原：陕西古籍出版社．

杭州市茶文化研究会，2014．杭州茶文化发展史．杭州：杭州出版社．

黄亚辉，2018．19世纪印度茶业崛起的思考——读《1793乾隆英使觐见记》《两访中国茶乡》《绿色黄金：茶叶帝国》有感．中国茶叶（4）：66-69．

蒋太旭，2016．刘峻周：从汉口走出的俄国"茶王"．武汉文史资料（3）：53-56．

金惠淑，梁月荣，陆建良，2001．中韩两国主要茶树品种基因组DNA多态性比较研究．茶叶科学（2）：103-107．

孔伟，2011．试论近代宁波港的发展．宁波经济（三江论坛）（3）：42-47．

李宁，2015．北宋与高丽佛教交流研究——以义天为中心．保定：河北大学．

林瑞萱，2008．中日韩英四国茶道．北京：中华书局．

林士民，1980．浙江宁波东门口码头遗址发掘报告．浙江省文物考古研究所学刊（2）：105-129．

林士民，1995．论宋元时期明州与高丽的友好交往．海交史研究（2）：27-34，86．

林士民，1997．宁波出土的磁州窑瓷器之探索．文物春秋（S1）：102-104．

林士民，2002．万里丝路——宁波与海上丝绸之路．宁波：宁波出版社．

林士民，林浩，2012．中国越窑瓷．宁波：宁波出版社．

刘恒武，2009．宁波古代对外文化交流．北京：海洋出版社．

刘淼，1997．明代茶业经济研究．汕头：汕头出版社．

罗伯特·福琼，2016．两访中国茶乡．敖雪岗，译．南京：江苏人民出版社．

马修·莫格，2019．茶叶帝国：征服世界的亚洲树叶．高领亚，徐波，译．北京：中国友谊出版社．

宁波"海上丝绸之路"申报世界文化遗产办公室，2006．宁波与海上丝绸之路．北京：科学出版社．

宁波茶文化促进会，宁波东亚茶文化研究中心，2014．"海上茶路·甬为茶港"研究文集．北京：中国农业出版社．

宁波茶文化促进会，宁波东亚茶文化研究中心，2015．越窑青瓷与玉成窑研究文集．香港：中国文化出版社．

宁波茶文化促进会，宁波七塔禅寺组，2010．茶禅东传宁波缘——第五届世界禅茶交流大会文集．北京：中国农业出版社．

宁波市海曙区政协文史委，2019．甬城古港．宁波：宁波出版社．

宁波市文物考古研究所，2008．宁波文物考古研究文集．北京：科学出版社．

彭一万，2014．"海上茶叶之路"的定义辨析——《宁波"海上茶路"启航地的地位毋庸置疑》的质疑．农业考古（2）：207-208．

浅田实，2016．东印度公司——巨额商业资本之兴衰．顾姗姗，译．北京：社会科学文献出版社．

萨拉·罗斯，2014．植物猎人的茶盗之旅：改变中英帝国财富版图的茶叶贸易史．吕奕欣，译．台南：台湾麦田出版公司．

萨拉·罗斯，2015．茶叶大盗——改变世界史的中国茶．孟驰，译．北京：社会科学文献出版社．

盛敏，2017．中国茶文化对外传播与茶叶出口贸易发展研究．长沙：湖南农业大学．

施由明，2018．论中国茶叶向世界传播对世界文明的贡献．农业考古（5）：7-12．

施由明，倪根金，李炳球，2020．中国茶史与当代中国茶业研究．广州：广东人民出版社．

水银，2018．天下开港：全球化视野下的宁波港人文地理史．宁波：宁波出版社．

孙洪升，1999．唐宋茶业经济．北京：社会科学文献出版社．

孙一敏，2010．9世纪中日文化交流的研究．杭州：浙江工商大学．

滕军，1994．日本茶道文化概论．北京：东方出版社．

滕军，2004．中日茶文化交流史．北京：人民出版社．

涂师平，2011．日本高僧最澄与《明州牒》．宁波通讯（4）：40-41．

王宏星，2006．唐至北宋明州港南下航路与贸易．北京：科学出版社．

王仁湘，杨焕新，2012．饮茶史话．北京：社会科学文献出版社．

威廉·乌克斯，2011．茶叶全书．侬佳，刘涛，姜海蒂，译．北京：东方出版社．

吴觉农，1987．茶经述评．北京：农业出版社．

夏涛，2008．中华茶史．合肥：安徽教育出版社．

杨捷，1989．宁波港史．北京：人民交通出版社．

姚国坤，2003．惠及世界的一片神奇树叶——茶文化通史．北京：中国农业出版社.

姚国坤，张莉颖，吕志鹏，2007. 中国清代茶叶对外贸易. 澳门：澳门特别行
政区民政总署文化康体部.

伊·阿·索科洛夫，2016. 俄罗斯的中国茶时代——1790—1919年俄罗斯茶
叶和茶叶贸易. 黄敬东，李皖，译. 武汉：武汉出版社.

詹罗九，郑孝和，曹利群，等，2004. 中国茶业经济的转型. 北京：中国农业
出版社.

张锦鹏，2007. 南宋时期明州港兴盛原因探讨. 华中科技大学学报（社会科学
版）（1）：61-73.

张伟，2004. 略论明州在宋丽民间贸易中的地位. 宁波大学学报（人文科学版）
（5）：13-16.

赵大川，韩棣贞，2006. 唐宋中日茶禅交流中的宁波. 2006宁波"海上茶路"
国际论坛论文集. 香港：中国文化出版社.

郑乃辉，王振康，章细英，2002. 俄罗斯／独联体茶叶发展的历史与现状. 茶
叶科学技术（1）：22-24.

中国国际茶文化研究会，2015. 茶和天下——"一带一路"视野中的茶和茶文
化. 杭州：浙江人民出版社.

仲伟民，2010. 茶叶与鸦片——十九世纪经济全球化中的中国. 北京：生
活·读书·新知三联书店.

周重林，2015. 茶叶战争：茶叶与天朝的兴衰. 武汉：华中科技大学出版社.

朱自振，1996. 茶史初探. 北京：中国农业出版社.

竺济法，2013. 宁波"海上茶路"启航地的地位毋庸置疑. 农业考古（5）：
266-268.

竺济法，2016. 印度大吉岭茶种源自舟山、宁波、休宁、武夷山四地——英国
"茶叶大盗"罗伯特·福琼《两访中国茶乡》见证. 中国茶叶（8）：29-31.

竺济法，2017. 最澄传茶日本文献探微. 中国茶叶，39（6）：49-53.

竺济法，2017. 最澄入唐、回日本及带回茶籽播种均有确切记载——《中国茶
叶的传入与日本茶道的确立》的商榷. 中国茶叶，39（1）：36-38.

CHUN ByungSik, 2000. The history of tea relat ed culture in Korea.
Journal of the Korean Tea Society, 6（2）：29-40.

附 录

宁波茶文化促进会大事记（2003—2021年）

2003年

▲2003年8月20日，宁波茶文化促进成立。参加大会的有宁波茶文化促进会50名团体会员和122名个人会员。

浙江省政协副主席张蔚文，宁波市政协主席王卓辉，宁波市政协原主席叶承垣，宁波市委副书记徐福宁、郭正伟，广州茶文化促进会会长邹梦兆，全国政协委员、中国美术学院原院长肖峰，宁波市人大常委会副主任徐杏先，中国国际茶文化研究会常务副会长宋少祥、副会长沈者寿、顾问杨招棣、办公室主任姚国坤等领导参加了本次大会。

宁波市人大常委会副主任徐杏先当选为首任会长。宁波市政府副秘书长虞云秧、叶胜强，宁波市林业局局长殷志浩，宁波市财政局局长宋越舜，宁波市委宣传部副部长王桂娣，宁波市城投公司董事长白小易，北京恒帝隆房地产公司董事长徐慧敏当选为副会长，殷志浩兼秘书长。大会聘请：张蔚文、叶承垣、陈继武、陈炳水为名誉会长；中国工程院院士陈宗懋，著名学者余秋雨，中国美术学院原院长肖峰，著名篆刻艺术家韩天衡，浙江大学茶学系教授童启庆，宁波市政协原主席徐季子为本会顾问。宁波茶文化促进会挂靠宁波市林业局，办公场所设在宁波市江北区槐树路77号。

▲2003年11月22—24日，本会组团参加第三届广州茶博会。本会会长徐杏先，副会长虞云秧、殷志浩等参加。

▲2003年12月26日，浙江省茶文化研究会在杭召开成立大会。

本会会长徐杏先当选为副会长，本会副会长兼秘书长殷志浩当选为常务理事。

2004年

▲2004年2月20日，本会会刊《茶韵》正式出版，印量3 000册。

▲2004年3月10日，本会成立宁波茶文化书画院，陈启元当选为院长，贺圣思、叶文夫、沈一鸣当选为副院长，蔡毅任秘书长。聘请（按姓氏笔画排序）：叶承垣、陈继武、陈振濂、徐杏先、徐季子、韩天衡为书画院名誉院长；聘请（按姓氏笔画排序）：王利华、王康乐、刘文选、何业琦、陆一飞、沈元发、沈元魁、陈承豹、周节之、周律之、高式熊、曹厚德为书画院顾问。

▲2004年4月29日，首届中国·宁波国际茶文化节暨农业博览会在宁波国际会展中心隆重开幕。全国政协副主席周铁农，全国政协文史委副主任、中国国际茶文化研究会会长刘枫，浙江省政协原主席、中国国际茶文化研究会名誉会长王家扬，中国工程院院士陈宗懋，浙江省人大常委会副主任李志雄，浙江省政协副主席张蔚文，浙江省副省长、宁波市市长金德水，宁波市委副书记葛慧君，宁波市人大常委会主任陈勇，本会会长徐杏先，国家、省、市有关领导，友好城市代表以及美国、日本等国的400多位客商参加开幕式。金德水致欢迎辞，刘枫致辞，全国政协副主席周铁农宣布开幕。

▲2004年4月30日，宁波茶文化学术研讨会在开元大酒店举行。中国国际茶文化研究会会长刘枫出席并讲话，宁波市委副书记陈群、宁波市政协原主席徐季子，本会会长徐杏先等领导出席研讨会。陈群副书记致辞，徐杏先会长讲话。

▲2004年7月1—2日，本会邀请姚国坤教授来甬指导编写《宁波茶文化历史与现状》一书。参加座谈会人员有：本会会长徐杏先，顾问徐季子，副会长王桂娣、殷志浩，常务理事张义彬、董贻安，理事

王小剑、杨劲等。

▲2004年8月18日，本会在联谊宾馆召开座谈会议。会议由本会会长徐杏先主持，征求《四明茶韵》一书写作提纲和筹建茶博园方案的意见。出席会议人员有：本会名誉会长叶承垣、顾问徐季子、副会长虞云秧、副会长兼秘书长殷志浩等。特邀中国国际茶文化研究会姚国坤教授到会。

▲2004年11月18—19日，浙江省茶文化考察团在甬考察。刘枫会长率省茶文化考察团成员20余人，深入四明山的余姚市梁弄、大岚及东钱湖的福泉山茶场，实地考察茶叶生产基地、茶叶加工企业和茶文化资源。本会会长徐杏先、副会长兼秘书长殷志浩等领导全程陪同。

▲2004年11月20日，宁波茶文化促进会茶叶流通专业委员会成立大会在新兴饭店举行，选举本会副会长周信浩为会长，本会常务理事朱华峰、李猛进、林伟平为副会长。

2005年

▲2005年1月6—25日，85岁著名篆刻家高式熊先生应本会邀请，历时20天，创作完成《茶经》印章45方，边款文字2 000余字。成为印坛巨制，为历史之最，也是宁波文化史上之鸿篇。

▲2005年2月1日，本会与宁波中德展览服务有限公司签订"宁波茶文化博物院委托管理经营协议书"。宁波茶文化博物院隶属于宁波茶文化促进会。本会副会长兼秘书长殷志浩任宁波茶文化博物院院长，徐晓东任执行副院长。

▲2005年3月18—24日，本会邀请宁波著名画家叶文夫、何业琦、陈亚非、王利华、盛元龙、王大平制作"四明茶韵"长卷，画芯总长23米，高0.54米，将7 000年茶史集于一卷。

▲2005年4月15日，由宁波市人民政府组织编写，本会具体承办，陈炳水副市长任编辑委员会主任的《四明茶韵》一书正式出版。

▲2005年4月16日，由中国茶叶流通协会、中国国际茶文化研究会、中国茶叶学会共同主办，由本会承办的中国名优绿茶评比在宁波揭晓。送达茶样100多个，经专家评审，评选出"中绿杯"金奖26个、银奖28个。

本会与中国茶叶流通协会签订长期合作举办中国宁波茶文化节的协议，并签订"中绿杯"全国名优绿茶评比自2006年起每隔一年在宁波举行。本会注册了"中绿杯"名优绿茶系列商标。

▲2005年4月17日，第二届中国·宁波国际茶文化节在宁波市亚细亚商场开幕。参加开幕式的领导有：全国政协副主席白立忱，全国政协原副主席杨汝岱，全国政协文史委副主任、中国国际茶文化研究会会长刘枫，浙江省副省长茅临生，浙江省政协副主席张蔚文，浙江省政协原副主席陈文韶，中国国际林业合作集团董事长张德樟，中国工程院院士陈宗懋，中国国际茶文化研究会名誉会长王家扬，中国茶叶学会理事长杨亚军，以及宁波市领导毛光烈、陈勇、王卓辉、郭正伟，本会会长徐杏先等。参加本届茶文化节还有浙江省、宁波市的有关领导，以及老领导葛洪升、王其超、杨彬、孙家贤、陈法文、吴仁源、耿典华等。浙江省副省长茅临生、宁波市市长毛光烈为开幕式致辞。

▲2005年4月17日下午，宁波茶文化博物院开院暨《四明茶韵》《茶经印谱》首发式在月湖举行，参加开院仪式的领导有：全国政协副主席白立忱，全国政协原副主席杨汝岱，全国政协文史委副主任、中国国际茶文化研究会会长刘枫，浙江省副省长茅临生，浙江省政协副主席张蔚文，浙江省政协原副主席陈文韶，中国国际林业合作集团董事长张德樟，中国工程院院士陈宗懋，中国国际茶文化研究会名誉会长王家扬，中国茶叶学会理事长杨亚军，以及宁波市领导毛光烈、陈勇、王卓辉、郭正伟，本会会长徐杏先等。白立忱、杨汝岱、刘枫、王家扬等还为宁波茶文化博物院剪彩，并向市民代表赠送了《四明茶韵》和《茶经印谱》。

▲2005年9月23日，中国国际茶文化研究会浙东茶文化研究中心成立。授牌仪式在宁波新芝宾馆隆重举行，本会及茶界近200人出席，中国国际茶文化研究会副会长沈才土、姚国坤教授向浙东茶文化研究中心主任徐杏先和副主任胡剑辉授牌。授牌仪式后，由姚国坤、张莉颖两位茶文化专家作《茶与养生》专题讲座。

2006年

▲2006年4月24日，第三届中国·宁波国际茶文化节开幕。出席开幕式的有全国政协副主席郝建秀，浙江省政协副主席张蔚文，宁波市委书记巴音朝鲁，宁波市委副书记、市长毛光烈，宁波市委原书记叶承垣，市政协原主席徐季子，本会会长徐杏先等领导。

▲2006年4月24日，第三届"中绿杯"全国名优绿茶评比揭晓。本次评比，共收到来自全国各地绿茶产区的样品207个，最后评出金奖38个，银奖38个，优秀奖59个。

▲2006年4月24日，由本会会同宁波市教育局着手编写《中华茶文化少儿读本》教科书正式出版。宁波市教育局和本会选定宁波7所小学为宁波市首批少儿茶艺教育实验学校，进行授牌并举行赠书仪式，参加赠书仪式的有徐季子、高式熊、陈大申和本会会长徐杏先、副会长兼秘书长殷志浩等领导。

▲2006年4月24日下午，宁波"海上茶路"国际论坛在凯洲大酒店举行。中国国际茶文化研究会顾问杨招棣、副会长宋少祥，宁波市委副书记郭正伟，宁波市人民政府副市长陈炳水，本会会长徐杏先等领导及北京大学教授滕军、日本茶道学会会长仓泽行洋等国内外文史界和茶学界的著名学者、专家、企业家参会，就宁波"海上茶路"启航地的历史地位进行了论述，并达成共识，发表宣言，确认宁波为中国"海上茶路"启航地。

▲2006年4月25日，本会首次举办宁波茶艺大赛。参赛人数有

150余人，经中国国际茶文化研究副秘书长姚国坤、张莉颖等6位专家评选，评选出"茶美人""茶博士"。本会会长徐杏先、副会长兼秘书长殷志浩到会指导并颁奖。

2007年

▲2007年3月中旬，本会组织茶文化专家、考古专家和部分研究员审定了大岚姚江源头和茶山茶文化遗址的碑文。

▲2007年3月底，《宁波当代茶诗选》由人民日报出版社出版，宁波市委宣传部副部长、本会副会长王桂娣主编，中国国际茶文化研究会会长刘枫、宁波市政协原主席徐季子分别为该书作序。

▲2007年4月16日，本会会同宁波市林业局组织评选八大名茶。经过9名全国著名的茶叶评审专家评审，评出宁波八大名茶：望海茶、印雪白茶、奉化曲毫、三山玉叶、瀑布仙茗、望府茶、四明龙尖、天池翠。

▲2007年4月17日，宁波八大名茶颁奖仪式暨全国"春天送你一首诗"朗诵会在中山广场举行。宁波市委原书记叶承垣、市政协主席王卓辉、市人民政府副市长陈炳水，本会会长徐杏先，副会长柴利能、王桂娣，副会长兼秘书长殷志浩等领导出席，副市长陈炳水讲话。

▲2007年4月22日，宁波市人民政府落款大岚茶事碑揭碑。宁波市副市长陈炳水、本会会长徐杏先为茶事碑揭碑，参加揭碑仪式的领导还有宁波市政府副秘书长柴利能、本会副会长兼秘书长殷志浩等。

▲2007年9月，《宁波八大名茶》一书由人民日报出版社出版。由宁波市林业局局长、本会副会长胡剑辉任主编。

▲2007年10月，《宁波茶文化珍藏邮册》问世，本书以记叙当地八大名茶为主体，并配有宁波茶文化书画院书法家、画家、摄影家创作的作品。

▲2007年12月18日，余姚茶文化促进会成立。本会会长徐杏先，

本会副会长、宁波市人民政府副秘书长柴利能，本会副会长兼秘书长殷志浩到会祝贺。

▲2007年12月22日，宁波茶文化促进会二届一次会员大会在宁波饭店举行。中国国际茶文化研究会副会长宋少祥、宁波市人大常委会副主任郑杰民、宁波市副市长陈炳水等领导到会祝贺。第一届茶促会会长徐杏先继续当选为会长。

2008年

▲2008年4月24日，第四届中国·宁波国际茶文化节暨第三届浙江绿茶博览会开幕。参加开幕式的有全国政协文史委原副主任、浙江省政协原主席、中国国际茶文化研究会会长刘枫，浙江省人大常委会副主任程渭山，浙江省人民政府副省长茅临生，浙江省政协原副主席、本会名誉会长张蔚文，本市有王卓辉、叶承垣、郭正伟、陈炳水、徐杏先等领导参加。

▲2008年4月24日，由本会承办的第四届"中绿杯"全国名优绿茶评比在甬举行。全国各地送达参赛茶样314个，经9名专家认真细致、公平公正的评审，评选出金奖70个，银奖71个，优质奖51个。

▲2008年4月25日，宁波东亚茶文化研究中心在甬成立，并举行东亚茶文化研究中心授牌仪式，浙江省领导张蔚文、杨招棣和宁波市领导陈炳水、宋伟、徐杏先、王桂娣、胡剑辉、殷志浩等参加。张蔚文向东亚茶文化研究中心主任徐杏先授牌。研究中心聘请国内外著名茶文化专家、学者姚国坤教授等为东亚茶文化研究中心研究员，日本茶道协会会长仓泽行洋博士等为东亚茶文化研究中心荣誉研究员。

▲2008年4月，宁波市人民政府在宁海县建立茶山茶事碑。宁波市政府副市长、本会名誉会长陈炳水，会长徐杏先和宁波市林业局局长胡剑辉，本会副会长兼秘书长殷志浩等领导参加了宁海茶山茶事碑落成仪式。

2009年

▲2009年3月14日—4月10日，由本会和宁波市教育局联合主办，组织培训少儿茶艺实验学校教师，由宁波市劳动和社会保障局劳动技能培训中心组织实施。参加培训的31名教师，认真学习《国家职业资格培训》教材，经理论和实践考试，获得国家五级茶艺师职称证书。

▲2009年5月20日，瀑布仙茗古茶树碑亭建立。碑亭建立在四明山瀑布泉岭古茶树保护区，由宁波市人民政府落款，并举行了隆重的建碑落成仪式，宁波市人民政府副市长、本会名誉会长陈炳水，本会会长徐杏先为茶树碑揭碑，本会副会长周信浩主持揭碑仪式。

▲2009年5月21日，本会举办宁波东亚茶文化海上茶路研讨会，参加会议的领导有宁波市副市长陈炳水，本会会长徐杏先，副会长柴利能、殷志浩等。日本、韩国、马来西亚以及港澳地区的茶界人士及内地著名茶文化专家100余人参加会议。

▲2009年5月21日，海上茶路纪事碑落成。本会会同宁波市城建、海曙区政府，在三江口古码头遗址时代广场落成海上茶路纪事碑，并举行隆重的揭碑仪式。中国国际茶文化研究会顾问杨招棣，宁波市政协原主席、本会名誉会长叶承垣，宁波市人民政府副市长、本会名誉会长陈炳水，本会会长徐杏先，宁波市政协副主席、本会顾问常敏毅等领导及各界代表人士和外国友人到场，祝贺宁波海上茶路纪事碑落成。

2010年

▲2010年1月8日，由中国国际茶文化研究会、中国茶叶学会、宁波茶文化促进会和余姚市人民政府主办，余姚茶文化促进会承办的中国茶文化之乡授牌仪式暨瀑布仙茗·河姆渡论坛在余姚召开。本会

会长徐杏先、副会长周信浩、副会长兼秘书长殷志浩等领导出席会议。

▲2010年4月20日，本会组编的《千字文印谱》正式出版。该印谱汇集了当代印坛大家韩天衡、李刚田、高式熊等为代表的61位著名篆刻家篆刻101方作品，填补印坛空白，并将成为留给后人的一份珍贵的艺术遗产。

▲2010年4月24日，本会组编的《宁波茶文化书画院成立六周年画师作品集》出版。

▲2010年4月24日，由中国茶叶流通协会、中国国际茶文化研究会、中国茶叶学会三家全国性行业团体和浙江省农业厅、宁波市人民政府共同主办的"第五届·中国宁波国际茶文化节暨第五届世界禅茶文化交流会"在宁波拉开帷幕。出席开幕式的领导有全国政协原副主席胡启立，浙江省人大常委会副主任程渭山，中国国际茶文化研究会常务副会长徐鸿道，中国茶叶流通协会常务副会长王庆，浙江省农业厅副厅长朱志泉，中国茶叶学会副会长江用文，中国国际茶文化研究会副会长沈才土，宁波市委书记巴音朝鲁，宁波市长毛光烈，宁波市政协主席王卓辉，本会会长徐杏先等。会议由宁波市副市长、本会名誉会长陈炳水主持。

▲2010年4月24日，第五届"中绿杯"评比在宁波举行。这是我国绿茶领域内最高级别和权威的评比活动。来自浙江、湖北、河南、安徽、贵州、四川、广西、云南、福建及北京等十余个省（市）271个参赛茶样，经农业部有关部门资深专家评审，评选出金奖50个，银奖50个，优秀奖60个。

▲2010年4月24日下午，第五届世界禅茶文化交流会暨"明州茶论·禅茶东传宁波缘"研讨会在东港喜来登大酒店召开。中国国际茶文化研究会常务副会长徐鸿道、副会长沈才土、秘书长詹泰安、高级顾问杨招棣，宁波市副市长陈炳水，本会会长徐杏先，宁波市政府副秘书长陈少春，本会副会长王桂娣、殷志浩等领导，及浙江省各地（市）茶文化研究会会长兼秘书长，国内外专家学者200多人参加会议。

会后在七塔寺建立了世界禅茶文化会纪念碑。

▲2010年4月24日晚，在七塔寺举行海上"禅茶乐"晚会，海上"禅茶乐"晚会邀请中国台湾佛光大学林谷芳教授参与策划，由本会副会长、七塔寺可祥大和尚主持。著名篆刻艺术家高式熊先生，本会会长徐杏先，宁波市政府副秘书长、本会副会长陈少春，副会长兼秘书长殷志浩等参加。

▲2010年4月24日晚，周大风所作的《宁波茶歌》亮相第五届宁波国际茶文化节招待晚会。

▲2010年4月26日，宁波市第三届茶艺大赛在宁波电视台揭晓。大赛于25日在宁波国际会展中心拉开帷幕，26日晚上在宁波电视台演播大厅进行决赛及颁奖典礼，参加颁奖典礼的领导有：宁波市委副书记陈新，宁波市副市长陈炳水，本会会长徐杏先，宁波市副秘书长陈少春，本会副会长殷志浩，宁波市林业局党委副书记、副局长汤社平等。

▲2010年4月，《宁波茶文化之最》出版。本书由陈炳水副市长作序。

▲2010年7月10日，本会为发扬传统文化，促进社会和谐，策划制作《道德经选句印谱》。邀请著名篆刻艺术家韩天衡、高式熊、刘一闻、徐云叔、童衍方、李刚田、茅大容、马士达、余正、张耕源、黄淳、祝遂之、孙慰祖及西泠印社社员或中国篆刻家协会会员，篆刻创作道德经印章80方，并印刷出版。

▲2010年11月18日，由本会和宁波市老干部局联合主办"茶与健康"报告会，姚国坤教授作"茶与健康"专题讲座。本会名誉会长叶承垣，本会会长徐杏先，副会长兼秘书长殷志浩及市老干部100多人在老年大学报告厅聆听讲座。

2011年

▲2011年3月23日，宁波市明州仙茗茶叶合作社成立。宁波市副

市长徐明夫向明州仙茗茶叶合作社林伟平理事长授牌。本会会长徐杏先参加会议。

▲2011年3月29日，宁海县茶文化促进会成立。本会会长徐杏先、副会长兼秘书长殷志浩等领导到会祝贺。宁海政协原主席杨加和当选会长。

▲2011年3月，余姚市茶文化促进会梁弄分会成立。浙江省首个乡镇级茶文化组织成立。本会副会长兼秘书长殷志浩到会祝贺。

▲2011年4月21日，由宁波茶文化促进会、东亚茶文化研究中心主办的2011中国宁波"茶与健康"研讨会召开。中国国际茶文化研究会常务副会长徐鸿道，宁波市副市长、本会名誉会长徐明夫，本会会长徐杏先，宁波市委宣传部副部长、副会长王桂娣，本会副会长殷志浩、周信浩及150多位海内外专家学者参加。并印刷出版《科学饮茶益身心》论文集。

▲2011年4月29日，奉化茶文化促进会成立。宁波茶文化促进会发去贺信，本会会长徐杏先到会并讲话、副会长兼秘书长殷志浩等领导参加。奉化人大原主任何康根当选首任会长。

2012年

▲2012年5月4日，象山茶文化促进会成立。本会发去贺信，本会会长徐杏先到会并讲话，副会长兼秘书长殷志浩等领导到会。象山人大常委会主任金红旗当选为首任会长。

▲2012年5月10日，第六届"中绿杯"中国名优绿茶评比结果揭晓，全国各省、市250多个茶样，经中国茶叶流通协会、中国国际茶文化研究会等机构的10位权威专家评审，最后评选出50个金奖，30个银奖。

▲2012年5月11日，第六届中国·宁波国际茶文化节隆重开幕。中国国际茶文化研究会会长周国富、常务副会长徐鸿道，中国茶叶流

通协会常务副会长王庆，中国茶叶学会理事长杨亚军，宁波市委副书记王勇，宁波市人大常委会原副主任、本会名誉会长郑杰民，本会会长徐杏先出席开幕式。

▲2012年5月11日，首届明州茶论研讨会在宁波南苑饭店国际会议中心举行，以"茶产业品牌整合与品牌文化"为主题，研讨会由宁波茶文化促进会、宁波东亚茶文化研究中心主办。中国国际茶文化研究会常务副会长徐鸿道出席会议并作重要讲话。宁波市副市长马卫光，本会会长徐杏先，宁波市林业局局长黄辉，本会副会长兼秘书长殷志浩，以及姚国坤、程启坤，日本中国茶学会会长小泊重洋，浙江大学茶学系博士生导师王岳飞教授等出席会议。

▲2012年10月29日，慈溪市茶业文化促进会成立。本会会长徐杏先、副会长兼秘书长殷志浩等领导参加，并向大会发去贺信，徐杏先会长在大会上作了讲话。黄建钧当选为首任会长。

▲2012年10月30日，北仑茶文化促进会成立。本会向大会发去贺信，本会会长徐杏先出席会议并作重要讲话。北仑区政协原主席汪友诚当选会长。

▲2012年12月18日，召开宁波茶文化促进会第三届会员大会。中国国际茶文化研究会常务副会长徐鸿道，秘书长詹泰安，宁波市政协主席王卓辉，宁波市政协原主席叶承垣，宁波市人大常委会副主任宋伟、胡谟敦，宁波市人大常委会原副主任郑杰民、郭正伟，宁波市政协原副主席常敏毅，宁波市副市长马卫光等领导参加。宁波市政府副秘书长陈少春主持会议，本会副会长兼秘书长殷志浩作二届工作报告，本会会长徐杏先作临别发言，新任会长郭正伟作任职报告，并选举产生第三届理事、常务理事，选举郭正伟为第三届会长，胡剑辉兼任秘书长。

2013年

▲2013年4月23日，本会举办"海上茶路·甬为茶港"研讨会，

中国国际茶文化研究会周国富会长、宁波市副市长马卫光出席会议并在会上作了重要讲话。通过了《"海上茶路·甬为茶港"研讨会共识》，进一步确认了宁波"海上茶路"启航地的地位，提出了"甬为茶港"的新思路。本会会长郭正伟、名誉会长徐杏先、副会长兼秘书长胡剑辉参加会议。

▲2013年4月，宁波茶文化博物院进行新一轮招标。宁波茶文化博物院自2004年建立以来，为宣传、展示宁波茶文化发展起到了一定的作用。鉴于原承包人承包期已满，为更好地发挥茶博院展览、展示，弘扬宣传茶文化的功能，本会提出新的目标和要求，邀请中国国际茶文化研究会姚国坤教授、中国茶叶博物馆馆长王建荣等5位省市著名茶文化和博物馆专家，通过竞标，落实了新一轮承包者，由宁波和记生张生茶具有限公司管理经营。本会副会长兼秘书长胡剑辉主持本次招标会议。

2014年

▲2014年4月24日，完成拍摄《茶韵宁波》电视专题片。本会会同宁波市林业局组织摄制电视专题片《茶韵宁波》，该电视专题片时长20分钟，对历史悠久、内涵丰厚的宁波茶历史以及当代茶产业、茶文化亮点作了全面介绍。

▲2014年5月9日，第七届中国·宁波国际茶文化节开幕。浙江省人大常委会副主任程渭山，中国国际茶文化研究会常务副会长徐鸿道，中国茶叶流通协会常务副会长王庆，中国农科院茶叶研究所所长、中国茶叶学会名誉理事长杨亚军，浙江省农业厅总农艺师王建跃，浙江省林业厅总工程师蓝晓光，宁波市委副书记余红艺，宁波市人大常委会副主任、本会名誉会长胡谟敦，宁波市副市长、本会名誉会长林静国，本会会长郭正伟，本会名誉会长徐杏先，副会长兼秘书长胡剑辉等领导出席开幕式，开幕式由宁波市副市长林静国主持，宁波市委

副书记余红艺致欢迎词。最后由程渭山副主任和五大主办单位领导共同按动开幕式启动球。

▲2014年5月9日，第三届"明州茶论"——茶产业转型升级与科技兴茶研讨会，在宁波国际会展中心会议室召开。研讨会由浙江大学茶学系、宁波茶文化促进会、东亚茶文化研究会联合主办，宁波市林业局局长黄辉主持。中国国际茶文化研究会常务副会长徐鸿道，中国茶叶流通协会常务副会长王庆，宁波市副市长林静国等领导出席研讨会。本会会长郭正伟、名誉会长徐杏先、副会长兼秘书长胡剑辉等领导参加。

▲2014年5月9日，宁波茶文化博物院举行开院仪式。浙江省人大常委会副主任程渭山，中国国际茶文化研究会副会长徐鸿道，中国茶叶流通协会常务副会长王庆，本会名誉会长、人大常委会副主任胡谟敦，本会会长郭正伟，名誉会长徐杏先，宁波市政协副主席郑瑜，本会副会长兼秘书长胡剑辉等领导以及兄弟市茶文化研究会领导、海内外茶文化专家、学者200多人参加了开院仪式。

▲2014年5月9日，举行"中绿杯"全国名优绿茶评比，共收到茶样382个，为历届最多。本会工作人员认真、仔细接收封样，为评比的公平、公正性提供了保障。共评选出金奖77个，银奖78个。

▲2014年5月9日晚，本会与宁海茶文化促进会、宁海广德寺联合举办"禅·茶·乐"晚会。本会会长郭正伟、名誉会长徐杏先、副会长兼秘书长胡剑辉等领导出席禅茶乐晚会，海内外嘉宾、有关领导共100余人出席晚会。

▲2014年5月11日上午，由本会和宁波月湖香庄文化发展有限公司联合创办的宁波市篆刻艺术馆隆重举行开馆。参加开馆仪式的领导有：中国国际茶文化研究会会长周国富、秘书长王小玲，宁波市政协副主席陈炳水，本会会长郭正伟、名誉会长徐杏先、顾问王桂娣等领导。开馆仪式由市政府副秘书长陈少春主持。著名篆刻、书画、艺术家韩天衡、高式熊、徐云叔、张耕源、周律之、蔡毅等，以及篆刻、

书画爱好者200多人参加开馆仪式。

▲2014年11月25日，宁波市茶文化工作会议在余姚召开。本会会长郭正伟、名誉会长徐杏先、副会长兼秘书长胡剑辉、副秘书长汤社平以及余姚、慈溪、奉化、宁海、象山、北仑县（市）区茶文化促进会会长、秘书长出席会议。会议由汤社平副秘书长主持，副会长胡剑辉讲话。

▲2014年12月18日，茶文化进学校经验交流会在茶文化博物院召开。本会会长郭正伟、名誉会长徐杏先、副会长兼秘书长胡剑辉、宁波市教育局德育宣传处处长佘志诚等领导参加，本会副会长兼秘书长胡剑辉主持会议。

2015年

▲2015年1月21日，宁波市教育局职成教教研室和本会联合主办的宁波市茶文化进中职学校研讨会在茶文化博物院召开，本会会长郭正伟、名誉会长徐杏先、副会长兼秘书长胡剑辉、宁波市教育局职成教研室书记吕冲定等领导参加，全市14所中等职业学校的领导和老师出席本次会议。

▲2015年4月，本会特邀西泠印社社员、本市著名篆刻家包根满篆刻80方易经选句印章，由本会组编，宁波市政府副市长林静国为该书作序，著名篆刻家韩天衡题签，由西泠印社出版印刷《易经印谱》。

▲2015年5月8日，由本会和东亚茶文化研究中心主办的越窑青瓷与玉成窑研讨会在茶文化博物院举办。中国国际茶文化研究会会长周国富出席研讨会并发表重要讲话，宁波市副市长林静国到会致辞，宁波市政府副秘书长金伟平主持。本会会长郭正伟、名誉会长徐杏先、副会长兼秘书长胡剑辉等领导出席研讨会。

▲2015年6月，由市林业局和本会联合主办的第二届"明州仙茗杯"红茶类名优茶评比揭晓。评审期间，本会会长郭正伟、名誉会长

徐杏先、副会长兼秘书长胡剑辉专程看望评审专家。

▲2015年6月，余姚河姆渡文化田螺山遗址山茶属植物遗存研究成果发布会在杭州召开，本会名誉会长徐杏先、副会长兼秘书长胡剑辉等领导出席。该遗存被与会考古学家、茶文化专家、茶学专家认定为距今6 000年左右人工种植茶树的遗存，将人工茶树栽培史提前了3 000年左右。

▲2015年6月18日，在浙江省茶文化研究会第三次代表大会上，本会会长郭正伟，副会长胡剑辉、叶沛芳等，分别当选为常务理事和理事。

2016年

▲2016年4月3日，本会邀请浙江省书法家协会篆刻创作委员会的委员及部分西泠印社社员，以历代咏茶诗词，茶联佳句为主要内容篆刻创作98方作品，编入《历代咏茶佳句印谱》，并印刷出版。

▲2016年4月30日，由本会和宁海县茶文化促进会联合主办的第六届宁波茶艺大赛在宁海举行。宁波市副市长林静国，本会郭正伟、徐杏先、胡剑辉、汤社平等参加颁奖典礼。

▲2016年5月3—4日，举办第八届"中绿杯"中国名优绿茶评比，共收到来自全国18个省、市的374个茶样，经全国行业权威单位选派的10位资深茶叶审评专家评选出74个金奖，109个银奖。

▲2016年5月7日，举行第八届中国·宁波国际茶文化节启动仪式，出席启动仪式的领导有：全国人大常委会第九届、第十届副委员长、中国文化院院长许嘉璐，浙江省第十届政协主席、全国政协文史与学习委员会副主任、中国国际茶文化研究会会长周国富，宁波市委副书记、代市长唐一军，宁波市人大常委会副主任王建康，宁波市副市长林静国，宁波市政协副主席陈炳水，宁波市政府秘书长王建社，本会会长郭正伟、创会会长徐杏先、副会长兼秘书长胡剑辉等参加。

▲2016年5月8日，茶博会开幕，参加开幕式的领导有：中国国际茶文化研究会会长周国富、本会会长郭正伟、创会会长徐杏先、顾问王桂娣、副会长兼秘书长胡剑辉及各（地）市茶文化研究（促进）会会长等，展会期间96岁的宁波籍著名篆刻书法家高式熊先生到茶博会展位上签名赠书，其正楷手书《陆羽茶经小楷》首发，在博览会上受到领导和市民热捧。

▲2016年5月8日，举行由本会和宁波市台办承办全国性茶文化重要学术会议茶文化高峰论坛。论坛由中国文化院、中国国际茶文化研究会、宁波市人民政府等六家单位主办，全国人大常委会第九届、第十届副委员长、中国文化院院长许嘉璐，中国国际茶文化研究会会长周国富参加了茶文化高峰论坛，并分别发表了重要讲话。宁波市人大常委会副主任王建康、副市长林静国，本会会长郭正伟、创会会长徐杏先、副会长兼秘书长胡剑辉等领导参与论坛，参加高峰论坛的有来自全国各地，包括港、澳、台地区的茶文化专家学者，浙江省各地（市）茶文化研究（促进）会会长、秘书长等近200人，书面和口头交流的学术论文31篇，集中反映了茶和茶文化作为中华优秀传统文化的组成部分和重要载体，讲好当代中国茶文化的故事，有利于助推"一带一路"建设。

▲2016年5月9日，本会副会长兼秘书长胡剑辉和南投县商业总会代表签订了茶文化交流合作协议。

▲2016年5月9日下午，宁波茶文化博物院举行"清茗雅集"活动。全国人大常委会第九届、第十届副委员长、中国文化院院长许嘉璐，著名篆刻家高式熊等一批著名人士亲临现场，本会会长郭正伟、创会会长徐杏先、副会长兼秘书长胡剑辉、顾问王桂娣等领导参加雅集活动。雅集以展示茶席艺术和交流品茗文化为主题。

2017年

▲2017年4月2日，本会邀请由著名篆刻家、西泠印社名誉副社

长高式熊先生领衔，西泠印社副社长童衍方，集众多篆刻精英于一体创作而成52方名茶篆刻印章，本会主编出版《中国名茶印谱》。

▲2017年5月17日，本会会长郭正伟、创会会长徐杏先、副会长兼秘书长胡剑辉等领导参加由中国国际茶文化研究会、浙江省农业厅等单位主办的首届中国国际茶叶博览会并出席中国当代文化发展论坛。

▲2017年5月26日，明州茶论影响中国茶文化史之宁波茶事国际学术研讨会召开。中国国际茶文化研究会会长周国富出席并作重要讲话，秘书长王小玲、学术研究会主任姚国坤教授等领导及浙江省各地（市）茶文化研究会会长、秘书长，国内外专家学者参加会议。宁波市副市长卞吉安，本会名誉会长、人大常委会副主任胡谟敦，本会会长郭正伟，创会会长徐杏先，副会长兼秘书长胡剑辉等领导出席会议。

2018年

▲2018年3月20日，宁波茶文化书画院举行换届会议，陈亚非当选新一届院长，贺圣思、叶文夫、戚颢担任副院长，聘请陈启元为名誉院长，聘请王利华、何业琦、沈元发、陈承豹、周律之、曹厚德、蔡毅为顾问，秘书长由麻广灵担任。本会创会会长徐杏先，副会长兼秘书长胡剑辉，副会长汤社平等出席会议。

▲2018年5月3日，第九届"中绿杯"中国名优绿茶评比结果揭晓。共收到来自全国17个省（市）茶叶主产地的337个名优绿茶有效样品参评，经中国茶叶流通协会、中国国际茶文化研究会等机构的10位权威专家评审，最后评选出62个金奖，89个银奖。

▲2018年5月3日晚，本会与宁波市林业局等单位主办，宁波市江北区人民政府、市民宗局承办"禅茶乐"茶会在宝庆寺举行，本会会长郭正伟、副会长汤社平等领导参加，有国内外嘉宾100多人参与。

▲2018年5月4日，明州茶论新时代宁波茶文化传承与创新国际学术研讨会召开。出席研讨会的有中国国际茶文化研究会会长周国富、

秘书长王小玲，宁波市副市长卞吉安，本会会长郭正伟、创会会长徐杏先以及胡剑辉等领导，全国茶界著名专家学者，还有来自日本、韩国、澳大利亚、马来西亚、新加坡等专家嘉宾，大家围绕宁波茶人茶事、海上茶路贸易、茶旅融洽、茶商商业运作、学校茶文化基地建设等，多维度探讨习近平新时代中国特色社会主义思想体系中茶文化的传承和创新之道。中国国际茶文化研究会会长周国富作了重要讲话。

▲2018年5月4日晚，本会与宁波市文联、市作协联合主办"春天送你一首诗"诗歌朗诵会，本会会长郭正伟、创会会长徐杏先、副会长兼秘书长胡剑辉等领导参加。

▲2018年12月12日，由姚国坤教授建议本会编写《宁波茶文化史》，本会创会会长徐杏先、副会长兼秘书长胡剑辉、副会长汤社平等，前往杭州会同姚国坤教授、国际茶文化研究会副秘书长王祖文等人研究商量编写《宁波茶文化史》方案。

2019年

▲2019年3月13日，《宁波茶通典》编撰会议。本会与宁波东亚茶文化研究中心组织9位作者，研究落实编撰《宁波茶通典》丛书方案，丛书分为《茶史典》《茶路典》《茶业典》《茶人物典》《茶书典》《茶诗典》《茶俗典》《茶器典·越窑青瓷》《茶器典·玉成窑》九种分典。该丛书于年初启动，3月13日通过提纲评审。中国国际茶文化研究会学术委员会副主任姚国坤教授、副秘书长王祖文，本会创会会长徐杏先、副会长胡剑辉、汤社平等参加会议。

▲2019年5月5日，本会与宁波东亚茶文化研究中心联合主办"茶庄园""茶旅游"暨宁波茶史茶事研讨会召开。中国国际茶文化研究会常务副会长孙忠焕、秘书长王小玲、学术委员会副主任姚国坤、办公室主任戴学林，浙江省农业农村厅副巡视员吴金良，浙江省茶叶集团股份有限公司董事长毛立民，中国茶叶流通协会副会长姚静波，

宁波市副市长卞吉安、宁波市人大原副主任胡谟敦，本会会长郭正伟、创会会长徐杏先、宁波市农业农村局局长李强，本会副会长兼秘书长胡剑辉、副会长汤社平等领导，以及来自日本、韩国、澳大利亚及我国香港地区的嘉宾，宁波各县（市）区茶文化促进会领导、宁波重点茶企负责人等200余人参加。宁波市副市长卞吉安到会讲话，中国茶叶流通协会副会长姚静波、宁波市文化广电旅游局局长张爱琴，作了《弘扬茶文化　发展茶旅游》等主题演讲。浙江茶叶集团董事长毛立民等9位嘉宾，分别在研讨会上作交流发言，并出版《"茶庄园""茶旅游"暨宁波茶史茶事研讨会文集》，收录43位专家、学者44篇论文，共23万字。

▲2019年5月7日，宁波市海曙区茶文化促进会成立。本会会长郭正伟、创会会长徐杏先、副会长兼秘书长胡剑辉、副会长汤社平到会祝贺。宁波市海曙区政协副主席刘良飞当选会长。

▲2019年7月6日，由中共宁波市委组织部、市人力资源和社会保障局、市教育局主办、本会及浙江商业技师学院共同承办的"嵩江茶城杯"2019年宁波市"技能之星"茶艺项目职业技能竞赛，取得圆满成功。通过初赛，决赛以"明州茶事·千年之约"为主题，本会创会会长徐杏先、副会长兼秘书长胡剑辉、副会长汤社平等领导出席决赛颁奖典礼。

▲2019年9月21—27日，由本会副会长胡剑辉带领各县（市）区茶文化促进会会长、秘书长和茶企、茶馆代表一行10人，赴云南省西双版纳、昆明、四川成都等重点茶企业学习取经、考察调研。

2020年

▲2020年5月21日，多种形式庆祝"5·21国际茶日"活动。本会和各县（市）区茶促会以及重点茶企业，在办公住所以及主要街道挂出了庆祝标语，让广大市民了解"国际茶日"。本会还向各县（市）

区茶促会赠送了多种茶文化书籍。本会创会会长徐杏先、副会长兼秘书长胡剑辉参加了海曙区茶促会主办的"5·21国际茶日"庆祝活动。

▲2020年7月2日，第十届"中绿杯"中国名优绿茶评比，在京、甬两地同时设置评茶现场，以远程互动方式进行，两地专家全程采取实时连线的方式。经两地专家认真评选，结果于7月7日揭晓，共评选出特金奖83个，金奖121个，银奖15个。本会会长郭正伟、创会会长徐杏先、副会长兼秘书长胡剑辉参加了本次活动。

2021年

▲2021年5月18日，宁波茶文化促进会、海曙茶文化促进会等单位联合主办第二届"5·21国际茶日"座谈会暨月湖茶市集活动。参加活动的领导有本会会长郭正伟、创会会长徐杏先、副会长兼秘书长胡剑辉及各县（市）区茶文化促进会会长、秘书长等。

▲2021年5月29日，"明州茶论·茶与人类美好生活"研讨会召开。出席研讨会的领导和嘉宾有：中国工程院院士陈宗懋，中国国际茶文化研究会副会长沈立江、秘书长王小玲、办公室主任戴学林、学术委员会副主任姚国坤，浙江省茶叶集团股份有限公司董事长毛立民，浙江大学茶叶研究所所长、全国首席科学传播茶学专家王岳飞，江西省社会科学院历史研究所所长、《农业考古》主编施由明等，本会会长郭正伟、创会会长徐杏先、名誉会长胡谟敦、宁波市农业农村局局长李强，本会副会长兼秘书长胡剑辉等领导及专家学者100余位。会上，为本会高级顾问姚国坤教授颁发了终身成就奖。并表彰了宁波茶文化优秀会员、先进企业。

▲2021年6月9日，宁波市鄞州区茶文化促进会成立，本会会长郭正伟出席会议并讲话、创会会长徐杏先到会并授牌、副会长兼秘书长胡剑辉等领导到会祝贺。

▲2021年9月15日，由宁波市农业农村局和本会主办的宁波市第

五届红茶产品质量推选评比活动揭晓。通过全国各地茶叶评审专家评审，推选出10个金奖，20个银奖。本会会长郭正伟、创会会长徐杏先、副会长兼秘书长胡剑辉到评审现场看望评审专家。

▲2021年10月25日，由宁波市农业农村局主办，宁波市海曙区茶文化促进会承办，天茂36茶院协办的第三届甬城民间斗茶大赛在位于海曙区的天茂36茶院举行。本会创会会长徐杏先，本会副会长刘良飞等领导出席。

▲2021年12月22日，本会举行会长会议，首次以线上形式召开，参加会议的有本会正、副会长及各县（市）区茶文化促进会会长、秘书长，会议有本会副会长兼秘书长胡剑辉主持，郭正伟会长作本会工作报告并讲话；各县（市）区茶文化促进会会长作了年度工作交流。

▲2021年12月26日下午，中国国际茶文化研究会召开第六次会员代表大会暨六届一次理事会议以通信（含书面）方式召开。我会副会长兼秘书长胡剑辉参加会议，并当选为新一届理事；本会创会会长徐杏先、本会常务理事林宇晧、本会副秘书长竺济法聘请为中国国际茶文化研究会第四届学术委员会委员。

（周海珍　整理）

后记

甬上茶事，源远流长，茶输海外，绵绵不绝。茶从中国出发，沿着茶马古道和丝绸之路走向世界。从中国宁波飘出的袅袅茶香跨越千年，芬芳了人间。

2020年4月，接到宁波茶文化促进会的邀请，让我参与《宁波茶通典》系列书籍的编著。起初，我内心是忐忑的——宁波"书藏古今，港通天下，茶香寰宇"，书香与茶香的邂逅、禅香与茶香的融合，使宁波在茶文化挖掘、传承、发展等方面一直走在全国前列；宁波茶历史之渊源深厚、茶文化之博大精深和茶经济之影响广泛，电照风行、声驰海外，千百年留下的涉茶史料浩如烟海，而作为涉猎茶文化领域尚浅的晚辈，我对于研究资料累积和史料的掌握能力相对薄弱，恐才疏学浅难以担此重任——然幸得宁波茶文化促进会的领导和丛书主编姚国坤研究员给予诸多鼓励、关爱和敦促，减轻了我的顾虑，才有了《茶路典》的问世。感谢姚国坤研究员的亲切关怀和宁波东亚茶文化研究中心竺济法研究员的悉心指导，姚老多次帮我审读书稿，并就写作内容提出许多指导性的意见；竺老为本书写作提供许多文献资料，对此我感念于心，谨致谢忱！

本书写作过程中所学习、引用之资料皆以参考文献的形式列于文后，敬仰之余，专此致谢。本书对资料的收集整理采用文献史籍、著作、学术论文等资料并重的方法，对史料不足、欠缺的地方，采用概述力求完整呈现，但因本人学识水平有限，书中讹误错漏在所难免。敬请读者批评，识者海涵。

李书魁　谨识

图书在版编目（CIP）数据

茶路典 / 李书魁著；宁波茶文化促进会组编. —
北京：中国农业出版社，2023.9
（宁波茶通典）
ISBN 978-7-109-31148-0

Ⅰ.①茶… Ⅱ.①李…②宁… Ⅲ.①茶文化—文化
史—宁波 Ⅳ.①TS971.21

中国国家版本馆CIP数据核字（2023）第179388号

茶路典
CHALU DIAN

中国农业出版社出版
地址：北京市朝阳区麦子店街18号楼
邮编：100125
特约专家：穆祥桐　责任编辑：姚　佳
责任校对：刘丽香
印刷：北京中科印刷有限公司
版次：2023年9月第1版
印次：2023年9月北京第1次印刷
发行：新华书店北京发行所
开本：700mm×1000mm　1/16
印张：12
字数：162千字
定价：88.00元